香料饮料作物生产技术图解系列丛书

可可生产技术彩色图解

李付鹏 主编

中国农业出版社
北 京

图书在版编目（CIP）数据

可可生产技术彩色图解 / 李付鹏主编. —北京：中国农业出版社，2019.11

ISBN 978-7-109-25737-5

Ⅰ. ①可… Ⅱ. ①李… Ⅲ. ①可可－栽培技术－图解 Ⅳ. ①S571.3-64

中国版本图书馆CIP数据核字（2019）第163280号

中国农业出版社出版

地址：北京市朝阳区麦子店街18号楼

邮编：100125

责任编辑：石飞华

版式设计：王　晨　　责任校对：赵　硕

印刷：北京通州皇家印刷厂

版次：2019年11月第1版

印次：2019年11月北京第1次印刷

发行：新华书店北京发行所

开本：880mm × 1230mm　1/32

印张：4.5

字数：110千字

定价：39.00元

《可可生产技术彩色图解》

编者名单

主　编　李付鹏

副主编　秦晓威　赖剑雄　王　政

编　者　赵溪竹　朱自慧　房一明　高圣风
　　　　谷风林　郝朝运　刘爱勤　宋应辉
　　　　王　政　秦晓威　赖剑雄　李付鹏

本书的编著和出版，得到中国热带农业科学院基本科研业务费专项资金“香草兰胡椒可可科技创新团队——香草兰胡椒可可种质资源创新利用”（项目编号：1630142017010）、“重要热作种质资源收集、保存、评价和创新利用团队——热带香辛饮料种质鉴定”（项目编号：1630142017016）、国家科技资源共享服务平台子平台“国家香料饮料作物种质资源平台运行服务”（项目编号：NICGR2018-094）、国家自然科学基金面上项目“可可种子油脂积累和脂肪酸组分的分子调控机制”（项目编号：31670684）、农业农村部农作物种质资源保护与利用项目“香料饮料圃种质资源安全保存”、“农业农村部香辛饮料作物遗传资源利用重点实验室”运行费等项目经费资助。

前言

可可（*Theobroma cacao* L.）为梧桐科（Sterculiaceae）可可属（*Theobroma*）多年生热带经济作物，又称巧克力树，与咖啡、茶并称为“世界三大饮料作物”。可可种子富含可可脂、多酚、类黄酮等活性成分，具有改善心脏、肾脏、肠道功能，缓解心绞痛等保健作用，是制作巧克力、功能饮料、糖果、糕点等食品饮品的重要原料，有“巧克力之母”之称。

西班牙人最早将可可树引入欧洲，并逐渐在西非、东南亚规模化种植。目前，可可种植已遍及非洲、东南亚、拉丁美洲近60个国家和地区，直接从业者超过4 000万人，收获面积达1 000万公顷，总产量约470万吨，可可原料豆贸易额超过140亿美元。

中国可可主要分布在海南和云南等地，最早于1922年引入中国台湾试种，1954年由华侨引入海南兴隆华侨农场试种，20世纪80年代以椰子间作可可模式，在海南推广种植数百公顷。目前，中国巧克力年人均消费不足0.1千克，不及西方国家平均消费水平的10%。近年来，随着国民经济的快速发展及人民生活水平的提高，中国居民对可可制品的消费需求日益增加。据国际可可组织（International Cocoa Organization，ICCO）统计，中国每年进口可可豆及可可制品超过15万吨，并以年均10%～15%的速度快速增长。如果中国每年人均可可消费量达到世界平均水平0.7千克，可可豆需求量将占世界产量的1/5，市场潜力巨大。在市场需求的不断推动下，中国可可产业正进行规模化商业推广种植，种植面积持续增加，发展可可生产前景广阔。

此外，可可是热带地区的标志性树种，具有热带植物典型的“老茎开花结果”特征，树姿优美，极具科普观赏价值。因此，可可产业有希望成为海南岛休闲体验旅游的一大亮点，对于海南建设“美丽乡村”和打造“升级版国际旅游岛”具有重要意义。

本书由农业农村部中国热带农业科学院香料饮料研究所李付鹏主编，秦晓威负责生物学特征章节编写，赖剑雄、郝朝运负责种苗繁育技术章节编写，宋应辉、朱自慧、赵溪竹负责整形修剪、施肥等种植技术章节编写，刘爱勤、王政、高圣风负责病虫害章节编写，谷风林、房一明负责初加工章节编写。

本书是在中国热带农业科学院香料饮料研究所系统研究成果并参考国内外同行最新研究成果基础上编写而成，编写过程中得到其他单位的热情支持，在此谨表诚挚的谢意！由于编者水平所限，书中难免有错漏之处，恳请读者批评指正。

编　者

2018年11月

目录

第一章 概　　述

一、可可起源与传播

可可是热带特色经济作物，原产于南美洲热带雨林。2 000多年前，可可最早由美洲印度安人驯化栽培。在玛雅神话中，玛雅人认为可可是羽蛇神赐予他们的礼物。在古玛雅帝国和阿兹特克帝国，可可制成的饮料只有帝王与贵族才能享用。在玛雅人祭祀活动中，可可豆作为珍贵祭品祭祀神灵，因此也被奉为“神的食物”。

依据地理起源和形态特征将可可分成Criollo、Forastero和Trinitario（Criollo × Forastero）三大遗传类群。以Hunter和Leake为代表的“南—北散布假说”认为，可可起源于南美洲亚马孙河流域安第斯山脚下的厄瓜多尔与哥伦比亚边界，由印第安人将Criollo类可可的种子传播至中美洲。可可驯化初期，印第安人在庆典仪式中用可可饮料祭祀神灵。由于宗教因素，早期栽培的可可品种果实多呈红紫色。Criollo类可可品质好，但产量低、抗逆性较差，种植面积小。16世纪后，随着欧洲国家开始大量利用可可，可可豆需求增加，Forastero类可可由于产量高、抗逆性强而在世界热带地区广泛栽培。Trinitario类可可由Criollo与Forastero类可可杂交而来，品质和产量介于二者之间。

可可饮料是玛雅人祭祀仪式中重要祭品

可可与阿兹特克英雄重生

玛雅饰猴首和可可果荚陶瓮盖

可可在世界范围传播始于大航海时代。克里斯托弗·哥伦布发现美洲前，美洲原住民玛雅人以及阿兹特克人就已经在种植可可，并将可可作为流通货币使用。哥伦布在游记中记载，1502年到达尼加拉瓜，将可可豆作为商品运出中美洲。1519年之前，墨西哥已有栽培和饮用可可的记载，人们将烘炒的可可豆用石头磨碎，混以香草兰、桂皮、胡椒等，制成巧克力。1519年，西班牙探险家埃尔南·科尔特斯在墨西哥的阿兹特克帝国发现一种叫做xocoatl的饮品（巧克力饮料），于1528年带回西班牙，并在西非种植可可。西班牙人将糖和牛奶加进这种巧克力以改进口感，随后可可饮品在欧洲盛行，促使西班牙、法国、荷兰等殖民者在其殖民地多米尼加、特立尼达、海地等地区种植可可。1544年，多米尼加玛雅代表团拜见西班牙腓力王子时，随身携带的可可饮料引起西班牙贵族浓厚兴趣。1560年，西班牙人将可可从委内瑞拉引入印度尼西亚的苏拉威西岛，随后传入菲律宾。

印第安人制作可可饮料

1585年，第一艘从墨西哥运载可可豆的商船抵达西班牙港口，意味着欧洲人对可可消费需求已被调动起来。17世纪20年代，荷兰人接管加勒比地区库拉索岛的可可种植业，之后又将可可从菲律宾引种至印度尼西亚和马来西亚。17世纪60年代，法国人将可可陆续带到马丁尼克岛、圣卢西亚、多米尼加、圭亚那和格林纳达等地区。17世纪70年代，英国人将可可引入牙买加。18世纪中叶，可可由巴西北部的帕拉河引种至巴伊阿。欧洲国家对可可制品的强烈需求，促使可可种植业持续扩张。19世纪初，可可被引种至普林西比岛（1822）、圣多美岛（1830）和比奥科岛（1854）等非洲地区。此后，经由比奥科岛传入非洲西部的尼日利亚（1874）、加纳（1879）、科特迪瓦（1905），又至喀麦隆（1925—1939），该地区现已成为世界最大的可可主产区。

中国可可引种历史相对较短，1922年首次由印度尼西亚引入中国台湾嘉义、高雄等地种植。20世纪50年代，中国先后从越南、泰国、马来西亚、印度尼西亚、科摩罗、厄瓜多尔、巴西等10余个国家引进各类可可种质。目前，中国可可主要栽培于海南和台湾，云南、广东、广西、福建等地也有零星种植。

二、可可生产与消费现状

目前，可可广泛分布于非洲、拉丁美洲、东南亚和大洋洲的60多个国家和地区，主产国有科特迪瓦、加纳、喀麦隆、巴西、厄瓜多尔、委内瑞拉、印度尼西亚、马来西亚、巴布亚新几内亚。据国际可可组织（ICCO）统计，2016/2017收获季世界可可收获面积达1 000多万公顷，总产量470多万吨，其中非洲

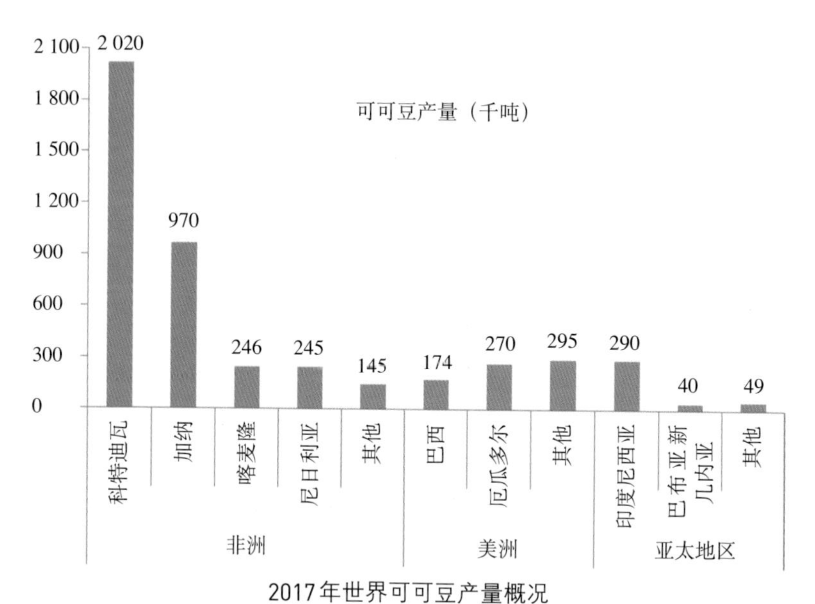

2017年世界可可豆产量概况

（数据源自ICCO）

占76.4%，美洲占15.6%，亚太地区占8.0%。科特迪瓦为世界第一大可可生产国，产量为202万吨；其次是加纳，为97万吨；之后依次为印度尼西亚29万吨，厄瓜多尔27万吨，喀麦隆24.6万吨，尼日利亚24.5万吨，巴西17.4万吨。

我国引种栽培可可已有近百年的历史，最早于1922年引入中国台湾试种，1954年由华侨将可可少量引入兴隆华侨农场试种，1956年保亭育种站和海南植物园也陆续引种试种，1960年中国热带农业科学院香料饮料研究所（原兴隆试验站）引种试种并开始系统观察，1960—1962年海南外贸基地局从国外大量引入可可植于乐东、保亭和三亚等地。80年代结合“百万亩椰林工程”发展椰子间作可可模式，种植面积达到数百公顷，后来由于收购政策不落实，就地加工问题没有解决等原因，以致部分可可园逐渐放弃管理。1998年开始，中国热带农业科学院香料饮料研究所（简称“香饮所”）在可可初加工和精深加工方面开展系统研究，解决了可可就地加工的问题，并研发出可可系列产品。2007年以来，结合“林下经济”新概念以及随着海南国际旅游岛建设推进，陆续在文昌、琼海、万宁、陵水、保亭、乐东、三亚、五指山等地椰园、槟榔园、防风林、房前屋后和道路两边种植可可，种植规模超过660公顷。在市场需求的不断推动下，可可种植面积持续增加，发展前景广阔。

世界可可制品消费严重不平衡，可可消费者主要集中于发达国家，可可豆的买方主要是发达国家的巧克力加工企业。在世界糖果总产量中，巧克力产品以46.2%的比重，创造出54.6%的产值。巧克力产业全球年收益超过5 000亿元人民币，其中60%的贸易额集中在欧美地区。在西班牙、瑞士、比利时等国家，巧克力已经成为国民经济的支柱产业。德国是全球巧克力消费量最大的国家，年人均消费12.2千克；瑞士年人均消费11.7千克；英国年人均消费8.86千克；奥地利年人均消费8.8千克；荷兰年人均消费7.58千克；比利时年人均消费7.54千克；

亚洲的日本、韩国年人均消费2.8千克。可可豆及其制品行业主要受其下游市场消费影响。人们对生活和健康有着更高的期望值，认为可可豆中含有大量的酚类和抗氧化剂，可以帮助人们刺激神经系统并改善血液循环系统，因而可可制品成为营养学家推荐的世界十大减肥食品之一。近年来，含糖、牛奶等配料较少的黑巧克力受到世人特别是欧洲消费者的青睐。随着全球经济在2009—2010年逐渐复苏，特别是发达国家在金融危机后经济逐步反弹，全球对中高档可可制品需求量不断增加。

中国巧克力年人均消费不足0.1千克，不及西方国家平均消费水平的10%，近年来，随着国民经济的快速发展及人民生活水平的提高，我国居民对可可制品的消费需求日益增加。据中华人民共和国海关总署数据统计，我国年进口可可豆及可可制品15万吨，且中国巧克力市场正以年均10%～15%的增长率迅猛发展，消费潜力高达200亿元。按照当前国家经济的发展规划和经济实力的增长情况，预计2025年国内可可产业的需求量可达30万吨以上。

三、可可主要成分与用途

可可果实含有丰富的糖、蛋白质、脂肪、多酚等，营养丰富，味醇且香，具有兴奋与滋补作用，是制作巧克力、饮料、糕点的主要原料。可可所含的高能量和营养物质能够有效促进青少年身体和智力发育。可可中含有的钾能够预防脑中风、高血压，其中的软脂酸可以轻度降低胆固醇浓度，所以可可对于中老年人群也有较好的保健功效。

可可豆中的主要部分为可可种仁，经加工后用于生产可可液块、可可粉和可可脂等，这些产品是制作巧克力的主要原料。以可可为主要原料的巧克力则能缓解情绪低落，使人兴奋。巧克力对于集中注意力、加强记忆力和提高智力都有一定作用。

吃巧克力有利于控制胆固醇的含量，保持毛细血管的弹性，具有预防心血管疾病的作用。巧克力中的儿茶素含量与茶中的一样多。儿茶素能增强免疫力，预防癌症，干扰肿瘤的供血。巧克力是抗氧化食品，对延缓衰老有一定功效。近年来，有关巧克力的研究报告不少，越来越多的研究表明，吃黑巧克力有益于身体健康，可以增加血液中的抗氧化成分，从而降低心脏病发生概率。可可果肉营养丰富，含有蛋白质、糖、维生素C、维生素B_2、柠檬酸等，可直接用于制作饮料和果酱，或用来酿酒、制醋酸和柠檬酸。

可可种皮用途很广，可提取可可碱作为利尿剂与兴奋剂在医药上使用，可作饲料，可提取一种色素用于制造漆染料，可用作热固性树脂的填充剂，也可提取一种可溶性单宁物质作为胶体溶液的絮凝剂。果壳晒后磨成粉可作饲料，经堆制后可作有机肥，还可作杀线虫剂，还可抽提一种与果胶相似的胶类物质，用于提取膳食纤维和生产果酱果冻的食品工业原料。

随着生活水平的提高，人们越来越追求健康的生活，因此国家对热带作物种植结构进行一定调整是很有必要的。在我国热带地区，适当发展可可生产，既可满足市场需求，也可为热区提供又一条致富门路。

本章要点回顾

1. 可可起源于哪里？
2. 可可主要分布在哪些地区和国家？
3. 可可何时传入我国？
4. 可可是制作什么的主要原料？
5. 可可主要成分有哪些？

第二章 可可生物学特征

可可树为乔木，高度视品种与环境而异，一般高达4 ~ 7.5米，其主要枝距离地面50 ~ 150厘米，冠幅6 ~ 8米，树干直径可达30 ~ 40厘米，经济寿命期视土壤与抚育管理的不同而有差别，管理好的可达50年左右。在常规栽培条件下，植后2 ~ 3年结果，6 ~ 7年进入盛产期。

第一节 形态特征

一、根

可可的根为圆锥根系，初生根为白色，以后变成紫褐色。苗期主根发达，侧根较少。成龄树侧根深度在35 ~ 70厘米，50厘米土层处分布最多，须根位于浅表土层，侧根伸展的范围为3 ~ 5米。

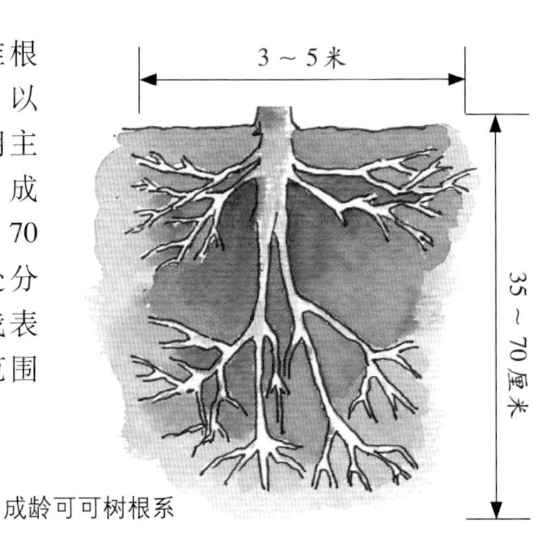

成龄可可树根系

二、主干与分枝

可可树皮厚，灰褐色，木质轻，没有年轮。可可实生树定植后第二年，主干长出8～10蓬叶，高度达50～150厘米，分出3～5条平展主枝，形成扇形枝条，依靠主枝抽生直生枝来增加树体高度。主干上分出扇形枝的位置叫分枝部位。主干有抽生直生枝的能力，直生枝具有主干一样的生长特点，直生枝如在主干基部抽生，可形成多干树型，如在上部抽生可形成多层树型。

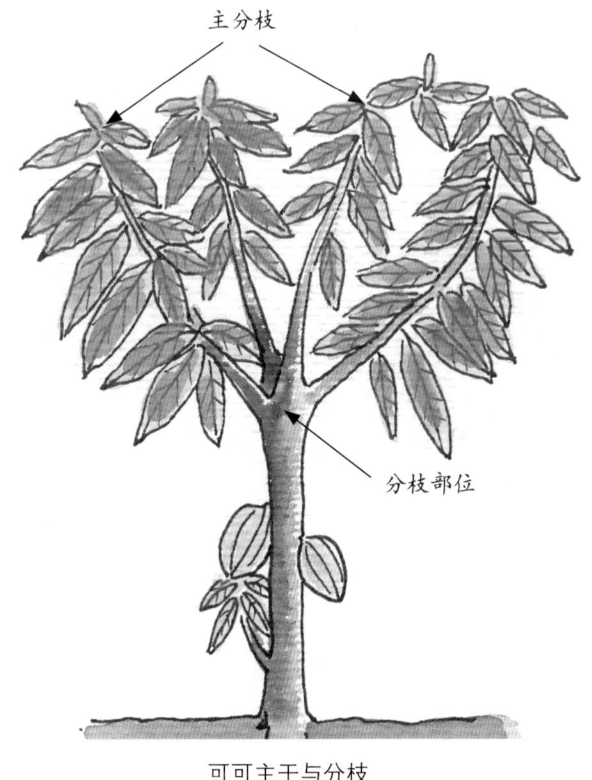

可可主干与分枝

1. 直生枝

直生枝包括实生树主干，以及主干和分枝上直立生长的枝条。枝条上叶片呈螺旋状排列，生长高度有限，长到一定高度便分枝长出扇形枝。直生枝与扇形枝垂直生长，主要作用是增加树冠高度。

2. 扇形枝

扇形枝包括从主干或直生枝上长出的主枝，以及从主枝上长出的各级侧枝。枝条上叶片排成两列，枝条可无限生长。扇形枝是主要的结果枝。

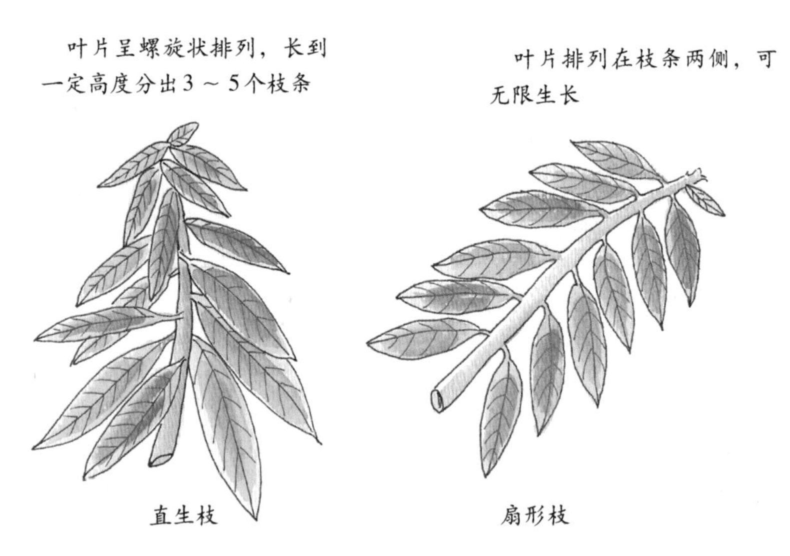

可可直生枝与扇形枝

直生枝与扇形枝虽然在形态上有差异，但均能开花结实。可可枝条的每个叶腋间都有休眠芽，当顶芽生长受到抑制或遭损伤时，就会促使休眠芽萌发。

三、叶

可可叶片呈蓬次抽生，顶芽每萌动一次，便抽出一蓬叶。在主干或直生枝上着生的叶片，叶式是3/8螺旋状；在扇形枝上抽生的叶片排列在两侧，叶式是1/2。不同品种或品系嫩叶颜色，呈现浅绿色、浅褐色、粉红色或紫红色等。嫩叶较柔软，自叶柄下垂。成熟的叶片呈暗绿色，全缘，叶面革质，一般长7～30厘米，最长达50厘米，宽3～10厘米，长卵形，叶柄两端有明显结节。光照过强时，叶片可自行调节倾斜度，以减少受光面积和蒸发量。可可叶片在枝条上可保持5～6个月，有的长达1年。

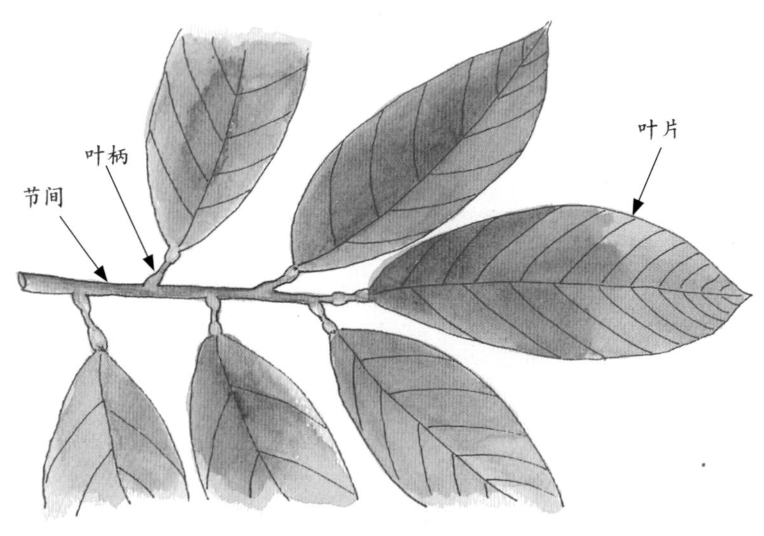

可可叶片

四、花

可可花为聚伞花序，着生于主干或分枝节上，着生部位称为果枕。花整齐、两性，由5枚萼片和5枚花瓣构成。花瓣呈现黄色、粉红色、紫红色等，排列成镊合状，基部狭小，上部扩展成杯状，尖端较宽呈匙状或舌状，有5个长而尖的假雄蕊和5枚正常雄蕊。雄蕊正对着花瓣向下弯曲，花药被杯状花瓣包裹，假雄蕊直立，形成一围绕雌蕊的围篱，子房上位5室，胚珠围绕子房中轴排列，柱头5裂，常粘连在一起。

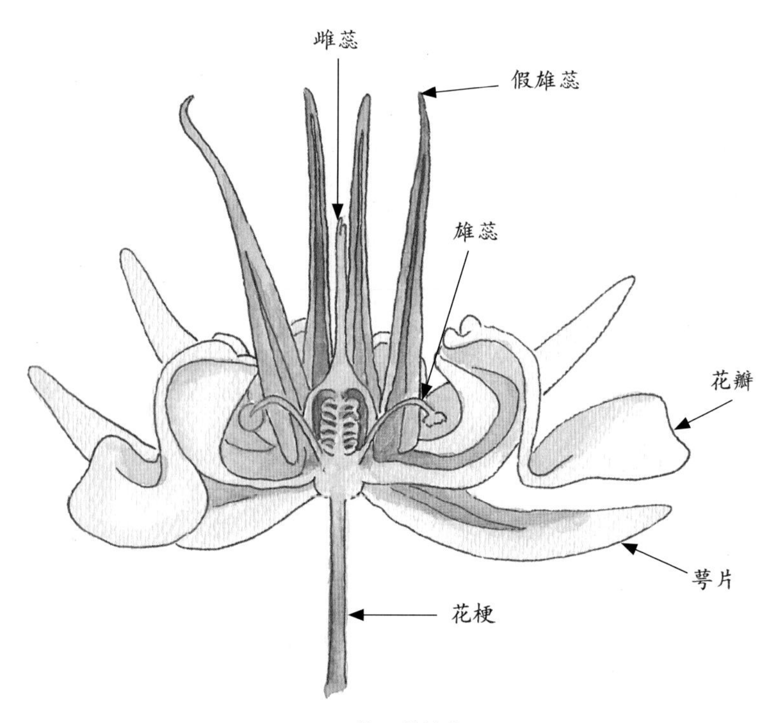

可可花显微结构

五、果实与种子

可可果实为荚果，也称为不开裂的核果，其形状和色泽均因种类不同而异。果实形状有近圆形、椭圆形、倒卵形、纺锤形等，但大体上是蒂端大，先端小，状似短形苦瓜。果皮分为外果皮、中果皮和内果皮。外果皮有10条纵沟，表面有的光滑，有的呈瘿瘤状。未成熟果实颜色有青白色、浅绿色、绿色、墨绿色、红绿色、红色、深红色、紫色等；成熟果实颜色呈现橙黄色或黄色。果实中种子呈5列纵向排列，有30 ~ 50粒，每粒种子均为果肉所包围。

可可种子习惯称为可可豆，有饱满和扁平两种类型，发芽孔一端稍大，种皮内有2片皱褶的子叶，子叶中间夹有胚，子叶色泽视品种而异，有白色、粉红色、紫色、黑紫色等。

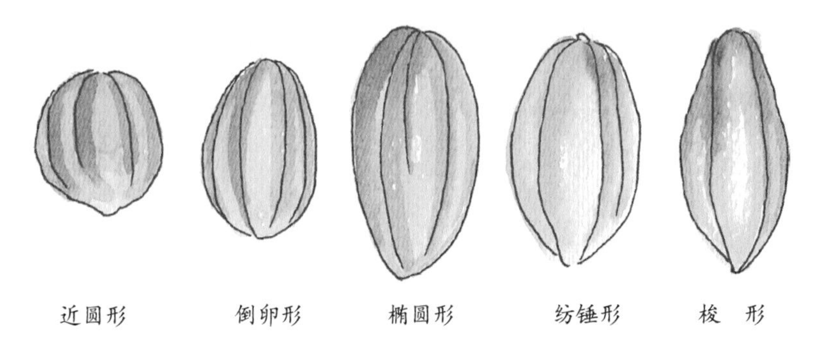

可可果实形状

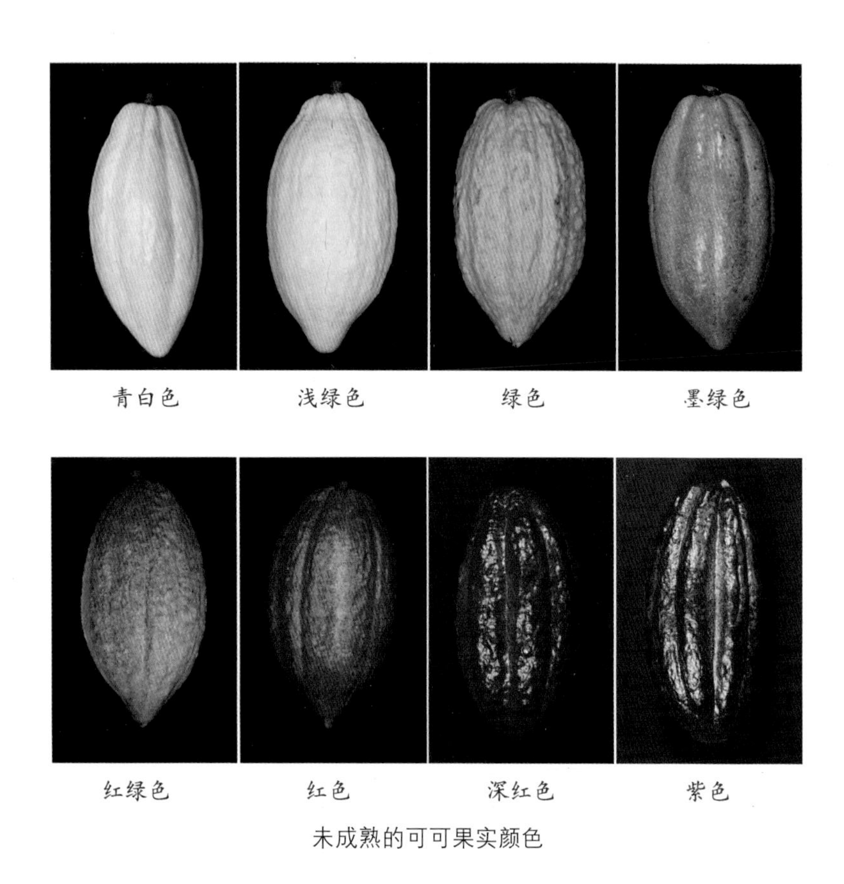

青白色　浅绿色　绿色　墨绿色

红绿色　红色　深红色　紫色

未成熟的可可果实颜色

第二节　开花结果习性

一、开花习性

可可终年开花，但以每年的5～11月开花多（约占全年开花总数的94%），1～3月开花少（仅占全年开花总数的6%），每年可可的开花高峰期在6～9月。

可可为昆虫传粉植物。但花不具香气，也没有吸引昆虫的蜜腺。此外，雄蕊隐藏在花瓣中，而假雄蕊围绕柱头，妨碍传粉，有些可可树花粉量较少，甚至没有花粉，且花粉粒的生活力仅能维持12小时，所以可可花的构造不利于正常授粉和受精，导致可可稔实率偏低，平均稔实率为2.1%。

二、结果习性

在正常管理条件下，3年树龄的可可树就能开花结果（管理良好的可可园，植后2 ~ 2.5年会有部分植株开花结果），5年树龄以后大量结果。在海南岛，可可有两个主要果实成熟时期，第一期在每年2 ~ 4月，这时采收的果实称为春果，春果量多，约占全年果实总量80%；第二期是每年9 ~ 10月，称为秋果，量不多，约占全年果实总量10%。

可可开花结果多在主干及多年生主枝上，子房受精后膨大，果实生长迅速，在受精后的2 ~ 3个月尤其迅速，4 ~ 5个月时果实定型。从受精到成熟，需5 ~ 6个月。在海南，发育期温度较高的秋果只需140天就能成熟，而春果因发育期温度较低，需160天左右才能成熟。

本章要点回顾

1. 可可树根系分布在什么范围？
2. 可可树直生枝与扇形枝有何区别？
3. 可可花的主要结构特点有哪些？
4. 可可果实有哪些形状？未成熟果实呈现什么颜色？
5. 可可树开花高峰期在几月？
6. 春果占可可全年结果量的比例是多少？
7. 可可从挂果到成熟需要多长时间？

第三章

可可种苗繁育技术

可可常用的繁殖方法包括有性繁殖与无性繁殖。

有性繁殖又称播种繁殖，操作简单易行，种植户多采用此法繁殖苗木。但其所生产的苗木遗传背景复杂，变异性大，定植后难以保持母本的优良性状，故大面积的商业生产一般不采用有性繁殖的实生苗（或种后再嫁接良种接穗）。生产上，此法主要用于繁育嫁接砧木。

无性繁殖就是利用优良母树的枝、芽、花等组织或器官来繁殖苗木。用此法繁殖的苗木遗传背景单一，能保持母树的优良性状（如高产、优质、抗性强等性状）。无性繁殖包括嫁接、空中压条、扦插与组织培养等方法。目前大规模商业生产主要用嫁接方法繁殖良种苗木。

第一节　播种育苗

播种育苗是可可种苗繁育最基础的方法。无论是培育实生苗木或嫁接砧木，均要通过播种育苗。播种育苗流程如下。

一、选种

1.选树

选择长势健壮、结果3年以上，高产稳产、优质、抗逆性强的母树采果。

2.选果

选择树干上果形端正、发育饱满、充分成熟的春果。可可种子为顽拗性种子，没有休眠期，一经成熟较容易发芽。如保藏时间过长，其间受真菌感染、失水和低温影响，种子会逐渐丧失发芽力。所以，可可种果采收后15天内就要进行育苗。

二、种子处理

1.清洗果肉

剖开果实，将种子取出，剖果过程避免切伤种子。洗去种子外附着的果肉，洗去果肉可减少蚂蚁及其他地下害虫侵害，提高发芽率。

清洗后的种子，使用干木屑、细谷壳、草木灰等擦洗。使用木屑、细谷壳擦洗效果良好，无副作用。在清洗果肉过程中，要注意保护种子，特别要避免损伤发芽孔的一端；此外，清洗的场地要选在阴凉处，避免阳光直射种子。

2.选种子

选择发育饱满、充实、卵圆形的种子。这类种子播种后生长快，结果多，寿命长。

催芽前，将不饱满、发育畸形或在果壳内已经发芽的种子剔除掉。另外，在催芽后期萌发的种子以及萌发后无力生出地表的种子也不应保留，这类幼苗生长势较弱，易受病害，很难长成壮苗。

3. 催芽

在阴凉处，用石块或砖块堆砌育苗池，池中铺厚约30厘米的河沙，将准备好的种子平铺在沙床之上，再盖沙2～3厘米，沙床经常保持湿润。当种子顶出沙床，子叶张开时，便可转移到育苗袋中。在冬季低温期间，为了免受寒害，可采用塑料薄膜覆盖催芽。苗床上遮盖50%遮阳网或置于树荫下。

沙床催芽

三、育苗

1. 苗圃建立

选择靠近种植区、水源、静风、湿润、排水良好的缓坡地或平地做苗圃地。建立苗圃地需仔细规划，布置好排水沟与运苗通道，设置荫棚与防风障。荫棚大小、距离、走向应根据苗圃实际情况而定，荫棚的荫蔽度应均匀一致，以50%左右为宜。

2. 育苗袋准备

为便于定植，并提高定植成活率，需采用营养袋育苗。一般用聚乙烯薄膜制成的塑料袋，袋壁上有少许小孔便于排水，口径约12厘米，高约25厘米。塑料袋足够高有利于可可种苗主根生长。

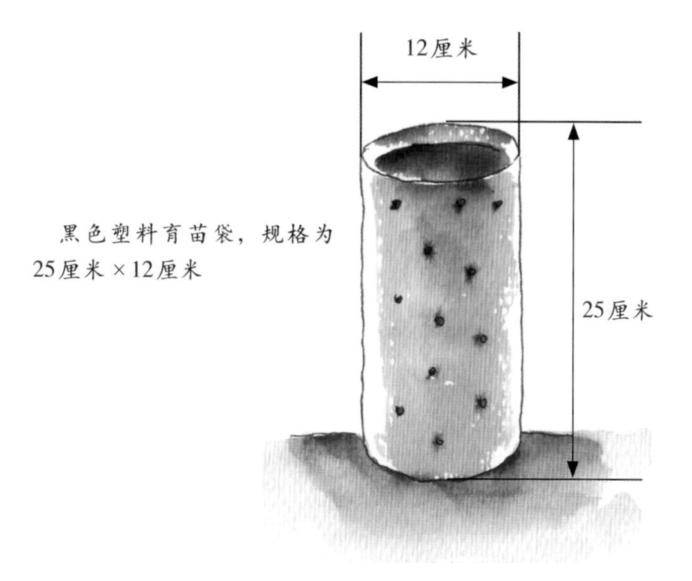

育苗袋

育苗袋中装入营养土，营养土以壤土为主，配以腐熟有机肥和清洁河沙，袋口顶部留有1～2厘米空间

准备育苗袋

营养土好坏直接关系到培育种苗质量。较好的营养土配方为：pH5.6～6.0，质地良好的壤土6份，腐熟有机肥3份，清洁的河沙1份，此外再加入少量的钙镁磷肥（约0.5%）。装好袋后置于荫棚下即可育苗。为了便于管理，按每畦4～5行排列整齐，每两畦间留50～60厘米步行道。

将育苗袋整齐摆在苗圃，每畦4～5行，每两畦间留50～60厘米步行道

摆放育苗袋

3. 移苗

在移栽当天，将幼苗从沙床上拔起，拔起过程中注意疏松沙床，以减少对根的损伤。在装填好营养土的营养袋中央，依据幼苗根系状况用小木棍开一小穴，然后将准备好的幼苗竖直插入穴中，用手指按压小穴四周土壤固定幼苗。并遮盖50%遮阳网或置于树荫下，移栽后淋透定根水。

取苗前，将沙床淋透水，挑选子叶刚展开的幼芽，用食指和拇指轻捏下胚轴拔出，整齐摆放在箩筐内

沙床取苗

适合移栽芽苗状态为：子叶展开，真叶刚刚长出，下胚轴直立无弯曲，须根发达

沙床取苗时可可芽苗状态

用木棍在育苗袋中央开一深5厘米的小穴，将准备好的幼苗竖直插入穴中，再用手指按压小穴四周土壤固定幼苗，移栽后淋透定根水

幼苗移栽

4. 苗期管理

苗期应保持土壤湿润，从移栽到第一蓬真叶老熟前，应供应充足水分。移栽前期须每天淋水1次，后期逐渐减少淋水量，或每2 ~ 3天淋水1次，定植前应较少淋水。

幼苗淋水

幼苗生长过程

种苗抚育前期，苗圃荫蔽度保持50%左右。荫蔽度过高，会导致种苗叶片枯萎、植株弱小；荫蔽度不足，会导致种苗出现黄化，健康种苗率低。遮盖物还可以阻挡降水对种苗的损害，降低雨滴溅射，减少土壤中的病菌向叶片扩散。

种苗抚育后期，降低荫蔽度至30%左右。

逐步降低苗圃荫蔽度，育苗后期荫蔽度在30%左右；种苗出圃前进行炼苗，收起遮阳网，让种苗充分接触阳光

调节苗圃荫蔽度

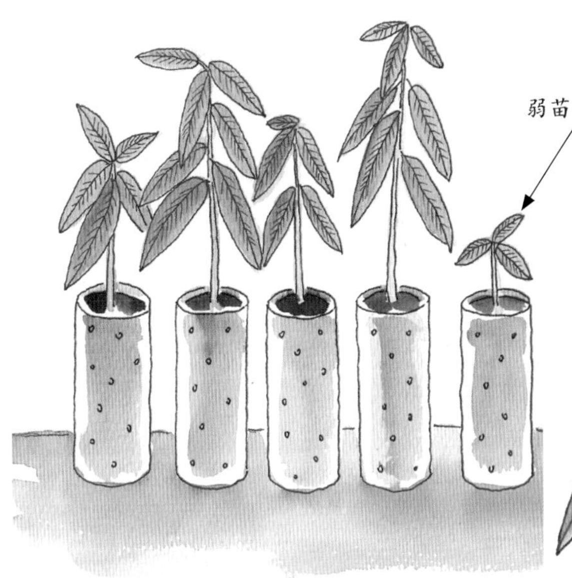

种苗出圃时，剔除过弱、有机械损伤的种苗以及病苗

较好的可可壮苗

幼苗状态

第二节 嫁接育苗

嫁接属无性繁殖的一种。嫁接苗既可以保持母本的优良性状，又可利用砧木强大的根系，提高植株抗旱、抗病能力，有利于植株生长。

生产上应选择结果量多、果壳薄、可可豆粒重大、可可脂含量高、抗病虫能力强的可可树作为母株。

如果用优良母株上结出的种子直接育苗，后代植株会出现变异，常不具有母株的优良表型。利用优良母株通过嫁接方法繁育种苗，后代植株可以保持母株的优良表型。

可可嫁接的方法有芽接、腹接、顶接等。

一、接穗及砧木准备

1.接穗

接穗取自结果3年以上的高产优质母树，剪取优良母株上芽眼饱满的半木质化枝条，以枝粗0.7～1厘米、表皮黄褐色为好，剪去叶片，保留叶柄。

2.砧木

选择主干直立、株高60厘米左右、茎粗0.8～1厘米、叶片正常、生长健壮、无病虫害的实生可可苗作为砧木。砧木苗最好为袋装苗。

3.嫁接时间

以3～5月或9～11月雨旱季交替之时为可可嫁接适宜时期。在高温期、低温期、雨天均不宜嫁接。

接穗枝

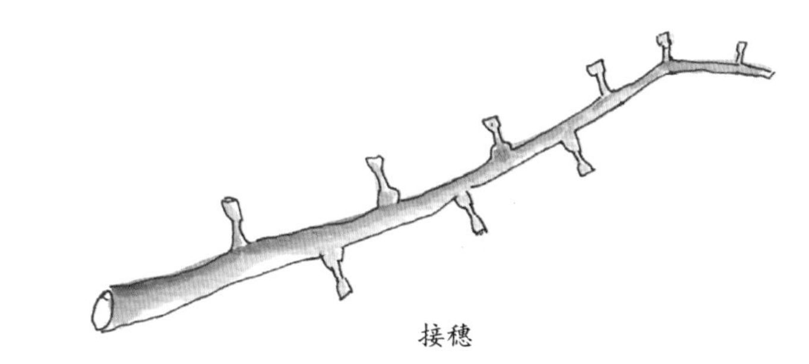

接穗

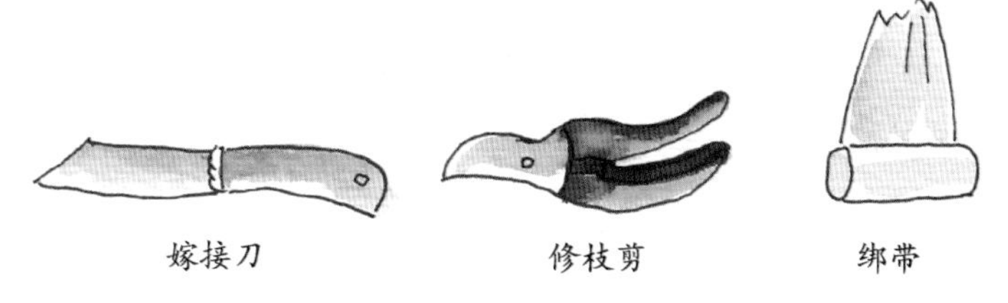

接穗与嫁接工具

二、芽接

1.开芽接位

嫁接前，剪去顶芽和芽接部位以下的枝叶。芽接部位为砧木苗主干离地10 ～ 15厘米处，在砧木上开一深度刚达木质部的切口，切开的砧木片仅与切口底端相连。

用嫁接刀在砧木上纵向平行切两刀，顶部横切一刀，拉开树皮，形成舌状砧木片

开芽接位

2.切芽片

选择接穗枝上较平部位取芽（即芽点，位于叶柄上方），先在芽点上下横向各环割一刀，再在芽点左右纵向各切一刀，深度刚到木质部，芽片大小与砧木切口一致；轻拉芽片上的叶柄使其从木质部上剥离，形成接穗。

在接穗上选择一个健壮腋芽，用嫁接刀分别在腋芽四周纵切两刀、横切两刀，芽片大小与砧木切口一致，轻拉叶柄，使芽片从接穗上剥离

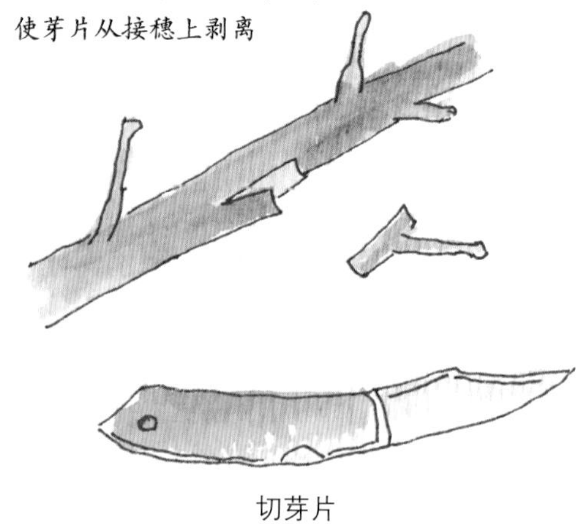

切芽片

3. 嵌合

轻拉砧木切口处的砧木片，放入芽片，使芽片形成层与砧木形成层对齐，将切开的砧木片紧压芽片，剪去砧木片约3/4，留少许砧木片卡住芽片。

4. 绑扎

用韧性好的透明绑带自下而上将芽片和砧木结合处绑紧，最后在接口上方打结。在绑扎过程中，轻扶芽片，使芽片与砧木形成层对齐。

绑　扎

5.解绑

嫁接后30 ~ 45天解除绑扎，其间如果温度较高可较早解绑，温度较低可适当延后解绑。

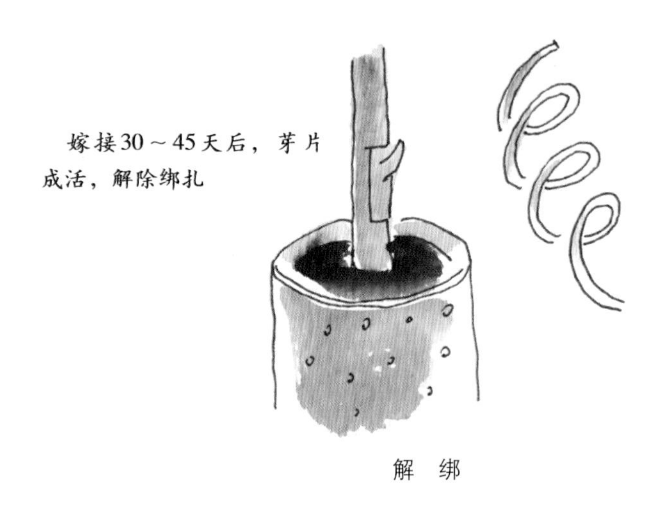

解　绑

嫁接成活植株接穗抽芽

6.剪砧

解绑后，芽片成活的植株，在芽接部位上方将砧木剪除。进行水肥管理，促进接穗迅速生长。

接穗新抽生枝条长出4～7片叶时，将砧木从嫁接部位以上10厘米处剪除

剪 砧

三、腹接

1.开嫁接位

在砧木主干开一深度刚达木质部的竖长切口，切除中段砧木片，剥离切口两端的砧木片，形成上下砧木片。

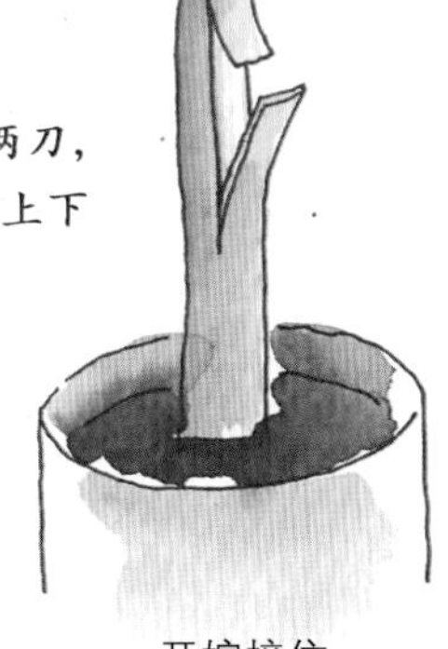

用嫁接刀在砧木上纵向平行切两刀，中间横切一刀，拉开树皮，形成上下砧木片

开嫁接位

2. 削接穗

将接穗两端削成斜面，接穗无腋芽一侧纵向削去韧皮部，露出纵削面，制成接穗。

在接穗上选择一个健壮腋芽，用枝剪分别将两端剪成斜面，用嫁接刀将腋芽背面削平，形成纵削面，接穗长度与砧木切口一致

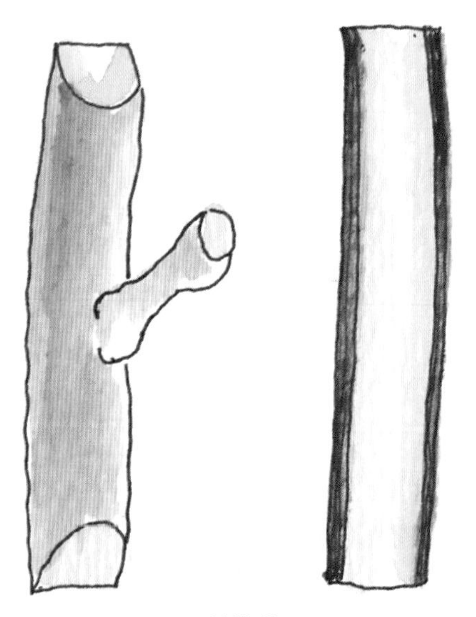

削接穗

3. 嵌合

将接穗嵌入切口，纵削面与砧木的形成层相贴合，切口两端的砧木片覆压在接穗两端，固定砧木片和接穗。

轻拉砧木切口的下砧木片，将接穗底部放入砧木切口，接穗顶端从侧面嵌进上砧木片，调整接穗位置，纵削面与砧木切口形成层贴合

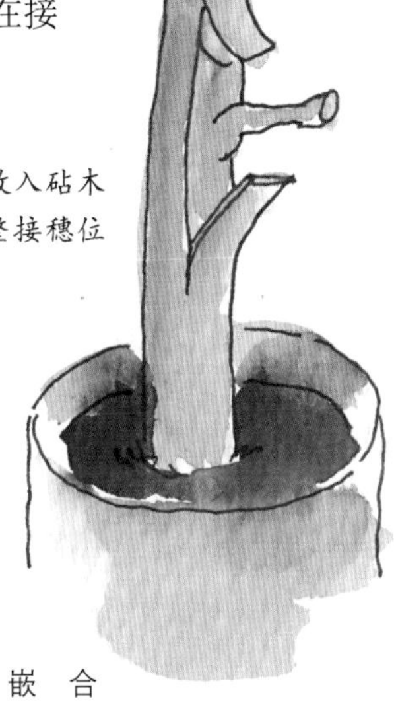

嵌　合

4. 绑扎

自下而上将接穗和砧木结合处绑紧，最后在接口上方打结。在绑扎过程中，轻扶接穗，防止接穗移动。

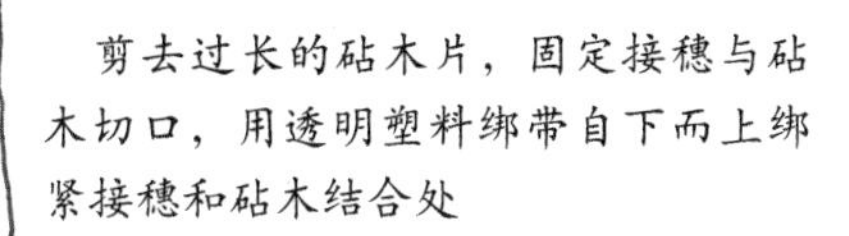

剪去过长的砧木片，固定接穗与砧木切口，用透明塑料绑带自下而上绑紧接穗和砧木结合处

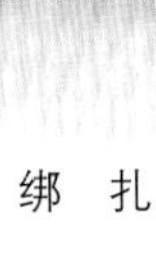

绑　扎

5. 解绑

接穗成活后，解除绑带。

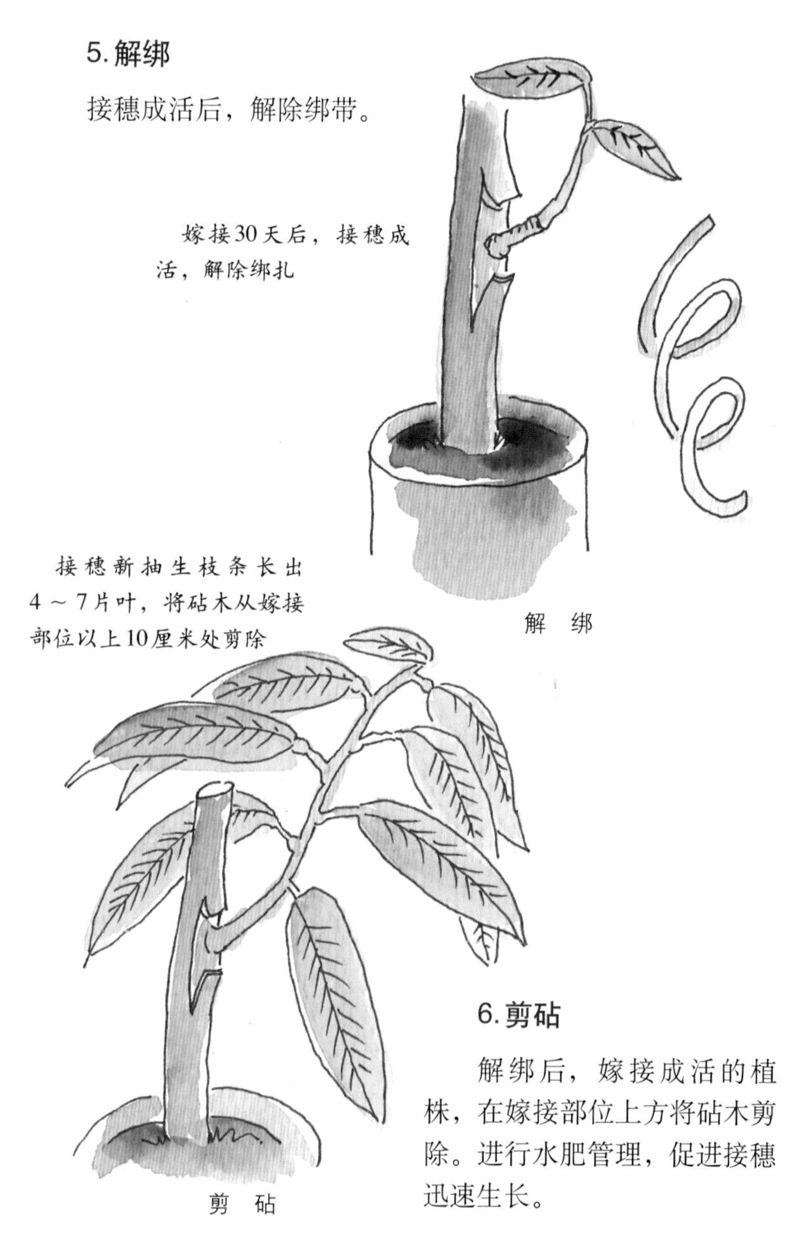

解　绑

剪　砧

6. 剪砧

解绑后，嫁接成活的植株，在嫁接部位上方将砧木剪除。进行水肥管理，促进接穗迅速生长。

四、顶接

1. 开嫁接位

将砧木从离地15 ~ 20厘米处横向切断，将横切面纵向劈开。

2. 削接穗

将接穗下端两侧削成斜面，顶端横切，制成接穗。

3. 嵌合

将接穗嵌入切口，使接穗与砧木的形成层相契合，固定砧木片和接穗，将接穗和砧木结合处绑紧。

4. 解绑

接穗成活后，解除绑带。

将砧木横向剪断，用嫁接刀将顶端纵向劈开；将带有2 ~ 3个腋芽的接穗底端两侧削成长斜面；接穗嵌入砧木切口，形成层贴合，绑紧接穗和砧木结合处，用透明塑料袋罩住接穗

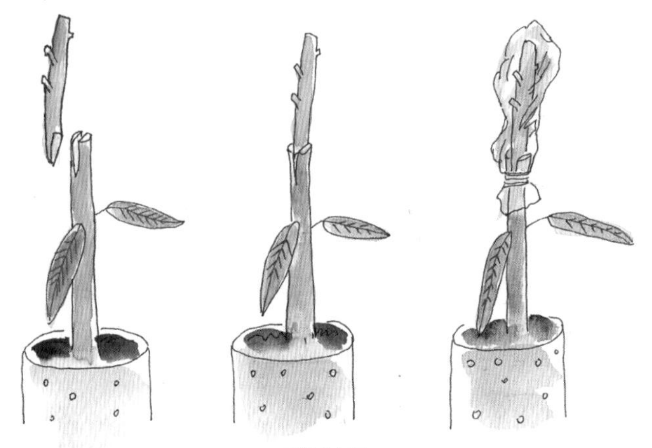

顶接过程

五、嫁接换种

1.开嫁接位

在可可树干上开一深度刚达木质部的竖长切口，切口顶部削成斜面，切开的砧木片与切口底端相连。

用嫁接刀在砧木上纵向平行切两刀，顶部横切一刀，切口顶部削成斜面，拉开树皮，形成舌状砧木片

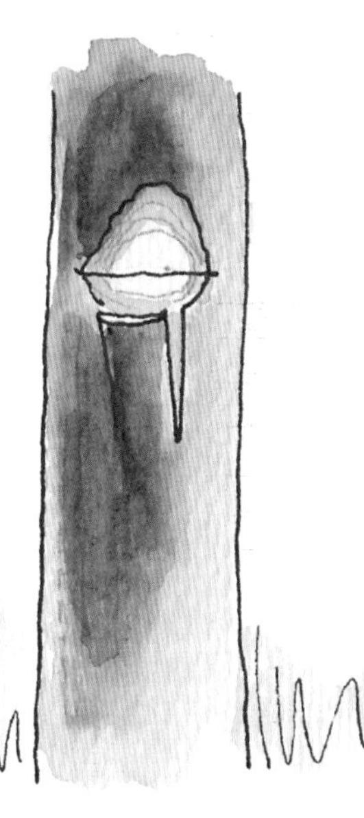

开嫁接位

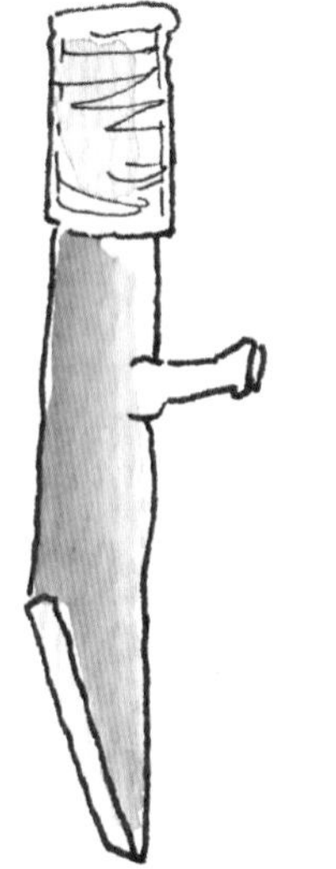

2.削接穗

将接穗下端一侧削成斜面，接穗上端横向截断，制成接穗。

在接穗上选择一个健壮腋芽，用枝剪将接穗上端剪平，下端削成长斜面，斜面长度与砧木切口一致，接穗顶端用绑带包裹

削接穗

3.嵌合

将接穗插入切口，接穗斜切面与砧木紧密契合，切开的砧木片紧压接穗下端，固定砧木片和接穗。

轻拉砧木切口的砧木片，将接穗底部嵌入砧木切口，调整接穗位置，使接穗长斜面与砧木切口贴合

嵌　合

4.绑扎

自下而上将接穗和砧木结合处绑紧，最后在接口上方打结。在绑扎过程中，固定接穗，防止接穗移动。

用绳子固定接穗与砧木切口结合处，用透明塑料膜覆盖接穗，并用绳子捆绑

绑　扎

5.解绑

待接穗与砧木愈合后，去除接穗上的绑扎物使芽点露出，剪除成龄树干上的直生枝，接穗上萌生出新枝条后将全部捆绑物去除，及时剪除接穗枝上过密的新萌生枝条。

嫁接30天后，接穗成活，解除塑料膜

解　绑

6.锯干

新生枝条稳定成活后，锯除嫁接处上方的树干。

逐步疏剪砧木上的分枝，接穗新抽生枝条长至50厘米左右，将砧木从嫁接部位以上20厘米处锯除

锯　干

第三节 扦插与空中压条

一、扦插

从长势旺盛的健康植株选取叶片呈绿色、刚成熟的枝条作为插条，插条长20 ~ 30厘米，3/4的部分呈绿色，一般称为“半木质化插条”。宜在早晨7时至9时剪取插条，剪下后须保留顶端3 ~ 6片叶，并将其剪去1/3至1/2，其余叶片则齐枝干剪去，切口平，将其插条基部置于生根粉溶液中浸泡1分钟，将处理后的插条插入育苗袋，空气湿度应接近100%，温度不宜超过30℃，荫蔽度须控制在75% ~ 80%。

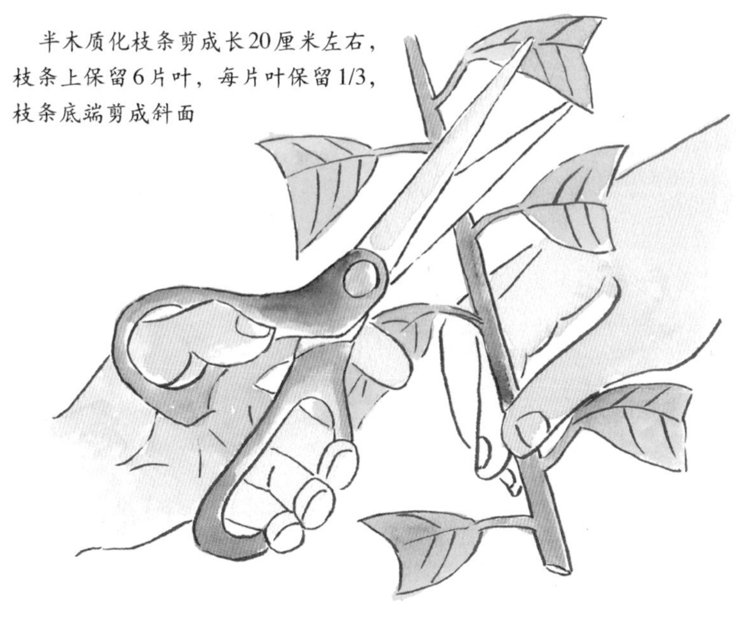

扦插枝准备

将枝条底端1厘米左右插入生根粉粉末，蘸取少量生根粉；或生根粉配成溶液，将枝条底端在生根粉溶液中浸泡1分钟

扦插枝处理

将处理好的枝条插入育苗袋，用手压实土壤，成行摆放在阴凉处，并用塑料膜覆盖

扦插枝装袋

二、空中压条（圈枝）

采用圈枝方法进行无性繁殖，其优点是植株矮化、方便管理，可提早结果，保持了优良特性；缺点是无主根，结果小而少，树体抗风力稍弱，向背风面倾斜。定植第2年起可开花结果。

选择1.5 ~ 2厘米粗的健壮枝条，剪去枝条中部叶片，环剥2厘米长枝条，露出木质部，施用少量生根粉，用椰糠和土壤覆盖，再用塑料袋包裹，捆扎结实

空中压条过程

在海南，以每年3 ~ 5月圈枝最适宜。选择直径1.5 ~ 2厘米的半木质化枝条，在离枝端30 ~ 50厘米处环状剥皮长2 ~ 3厘米，然后用刀在剥口处轻刮，刮净剥口的形成层，并撒上少量生根粉。常用的包扎基质为椰糠，湿度以手捏出水滴为度，最后用塑料带以环剥口为中心绑扎结实。捆绑扎紧是圈枝成功的关键之一。

第四节　苗木出圃

一、出圃标准

1.实生苗标准

种源来自经确认的品种纯正、优质高产的母本园或母株，品种纯度≥95%；出圃时育苗袋完好，营养土完整不松散，土团直径≥15厘米、高≥20厘米；植株主干直立，生长健壮，叶片浓绿、正常，根系发达，无机械损伤；株高≥30厘米；茎粗≥0.4厘米；苗龄3 ~ 6个月为宜。

2.嫁接苗标准

种源来自经确认的品种纯正、优质高产的母本园或母株，品种纯度≥98%；出圃时育苗袋完好，营养土完整不松散，土团直径≥15厘米、高≥20厘米；植株主干直立，生长健壮，叶片浓绿、正常，根系发达，无机械损伤；接口愈合程度良好；株高≥25厘米；茎粗≥0.4厘米，新梢长≥15厘米、粗≥0.3厘米；苗龄6 ~ 9个月为宜。

二、包装

可可苗在出圃前应逐渐减少荫蔽，锻炼种苗。在大田荫蔽不足的植区，尤应如此。起苗前停止灌水，起苗后剪除病叶、虫叶、老叶和过长的根系。全株用消毒液喷洒，晾干水分。营养袋培育的种苗不需要包装可直接运输。

三、运输与储存

种苗在短途运输过程中应保持一定的湿度和通风透气，避免日晒、雨淋；长途运输时应选用配备空调设备的交通工具。在运输装卸过程中，应注意防止种苗芽眼和皮层的损伤。到达目的地后，要及时交接、保养管理，尽快定植或假植。

种苗出圃后应在当日装运，运达目的地后如短时间内无法定植，应将袋装苗置于荫棚中，避免烈日暴晒，并注意淋水，保持湿润。

本章要点回顾

1. 可可常用的繁殖方法有哪些？
2. 可可播种育苗的流程有哪些？
3. 可可播种育苗选择种果的要求是什么？催芽时应剔除哪些类型的种子？
4. 可可幼苗装袋流程有哪些？移栽后管理应注意什么？
5. 可可嫁接育苗需要哪些工具？
6. 可可嫁接育苗主要步骤是什么？
7. 可可嫁接育苗接穗处理环节需要注意什么？
8. 可可扦插育苗对插条的处理步骤有哪些？
9. 可可种苗转运时应注意什么？

第四章

可可种植技术

现代化的种植园必须重视规划与种植管理，包括选地、园地基本建设、种植、修剪、施肥等，这关系到作物的丰产、稳产。

第一节 种　植

一、园地选择

根据可可对环境条件的要求，选择适宜的园地，温度是首先要考虑的因素。此外，生产优质可可，海拔与坡向选择，适合的光照、温度、湿度等小气候环境的创造，也是非常重要的。合理规划园地，能够为可可园管理、产品初加工等工作的进行打下良好基础。

1.气候条件

降雨	（1）年降水量1 500～4 000毫米； （2）气候不能过于干燥，不能连续3个月的月平均降水量低于100毫米
温度	适宜温度21～31℃
光照	每天直射阳光4.5～6.5小时
海拔	海拔600米以下

2. 土壤条件

（1）最适种植可可的土壤条件

①土层厚度1米以上，无巨石；

②排水通气良好；

③富含有机质；

④pH6.5 ~ 7.5。

（2）不适宜种植可可的土壤条件

①土层浅薄；

②土壤多石；

③滞水。

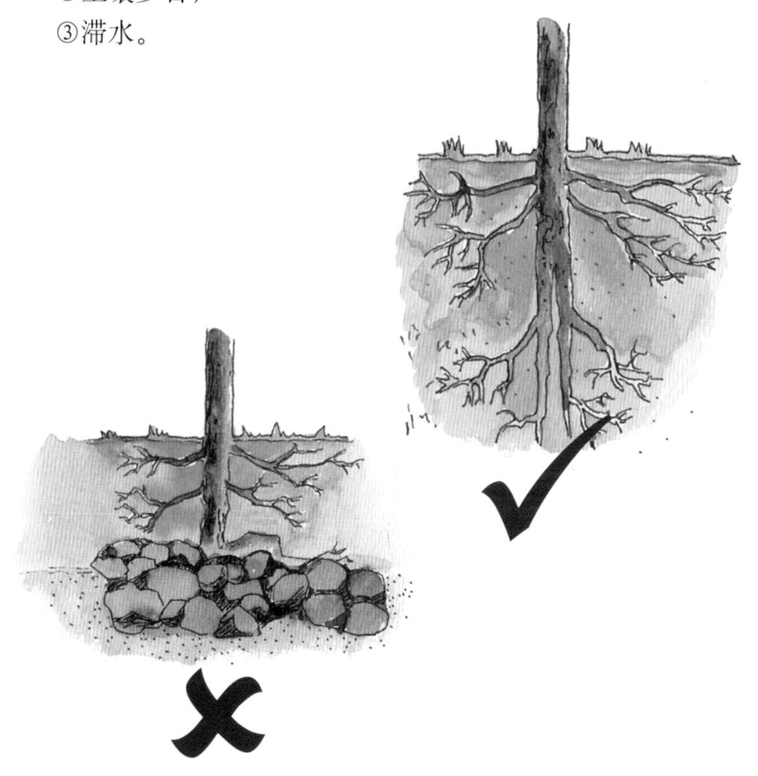

土壤条件

二、园地建立

1.园地开垦

定植可可苗与荫蔽树前，必须清理园地内的小灌木等。如果利用园地现有的灌木作为可可苗的荫蔽，当可可树成龄后需要降低荫蔽度时，疏伐灌木将比较困难。

2.园地规划

小区面积20～33公顷，形状因地制宜，四周设置防护林。主林带设在较高的迎风处，与主风方向垂直，宽10～12米；副林带与主林带垂直，一般宽6～8米。

根据种植园的规模、地形和地貌等条件，设置合理的道路系统，包括主路、支路等。主路贯穿全园并与初加工厂、支路、园外道路相连，山地建园呈“之”字形绕山而上，且上升的斜度不超过8°。支路修在适中位置，将整个园区分成小区。主路和支路宽分别为5～6米和3～4米。小区间设小路，路宽2～3米。

在种植园四周设总排灌沟，园内设纵横大沟并与小区的排水沟相连。根据地势确定各排水沟的大小与深浅，以在短时间内能迅速排除园内积水为宜。坡地建园还应在坡上设防洪沟，以减少水土冲刷。无自流灌溉条件的种植园应做好蓄水或引提水工程。

3.定标

用绳子和木棍定标，可可适宜株行距3米×3米或3米×3.5米。行应为东西走向，便于植株最大化利用光照。

土地平整后，用绳子与木棍进行定标

定 标

4. 荫蔽

可可良性生长需要适度的荫蔽，与经济作物复合种植能合理利用土地，增加单位面积土地收益。

（1）椰子间作可可

椰子林与可可复合种植，椰子与可可之间能形成良好的生态环境，椰子投产后林下光照、通风等，与可可生长所需的条件能较好匹配。

椰子树定植2～3年后，在椰子林下种植可可。椰子株行距为7米×9米（150～165株/公顷），可可株行距为3.5米×3米。椰子过密会导致椰林下荫蔽度过高，投产后可可产量较低。

椰子间作可可种植模式

（2）**槟榔间作可可**

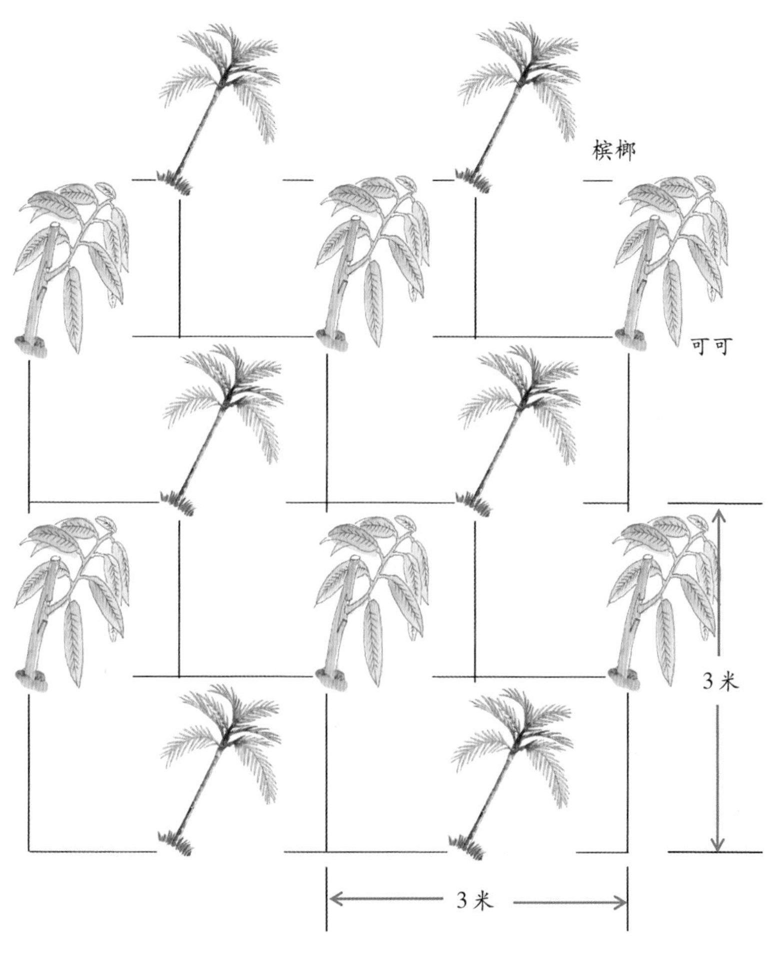

槟榔间作可可种植模式

槟榔与可可复合种植，能降低太阳对槟榔树干的直射，可可叶片、树枝等凋落物覆盖园地表面，能抑制杂草生长并起到保持水土、增加土壤有机质和养分的作用。

槟榔树定植2 ~ 3年后，在林下种植可可。槟榔株行距为3米×3米（1 125株/公顷），可可株行距为3米×3米。与椰子间作不同，槟榔树成龄后林下有充足的光照。

（3）香蕉间作可可

香蕉间作可可种植模式

香蕉可作为可可的临时荫蔽树，在可可投产前种植香蕉可以为幼龄可可树提供荫蔽，也能增加收益。可可树长大后，疏伐的香蕉植株可以作为覆盖物，增加土壤有机质和提升土壤养分。

香蕉株行距为3米×1.5米（2 250株/公顷），可可株行距为3米×3米。

三、定植

1.定植要求

（1）实生种苗培育5～6个月，种苗苗龄不能过小也不能过大，苗龄过大种苗主根穿过育苗袋导致主根弯曲。

（2）种苗健康，无病虫危害。

（3）种苗转运中注意保护，防止风对幼苗的损伤。

（4）待定植种苗暂时存放地需阴凉、通风。

（5）定植期间有降水，土壤湿润，在海南多选择在7～9月高温多雨季节进行，有利于幼苗恢复生长。

（6）种苗定植前应充分淋水，定植后及时浇定根水。

（7）定植后，需设置适当的荫蔽物防止幼苗晒伤。

2`.定植方法

（1）植穴大于育苗袋，植穴的长、宽、深应为育苗袋的2～3倍。

（2）挖穴时，将表土放在一堆，底土放在一堆。

（3）植穴底部土壤需要疏松，以促进根系向下生长。

（4）定植时，用刀将育苗袋底部2～3厘米割除，同时切除弯曲的主根。

（5）回填部分表土到植穴底部，将幼苗轻放到植穴中，育苗袋表面与地面齐平。

（6）将剩余表土回填至育苗袋四周。

（7）将育苗袋向上拉出。

（8）压紧种苗四周土壤，回填底土至植穴表面，并在植株周围制作浇水穴。

（9）回填后的植穴，应与周边地表持平或略高，防止降水过多导致植株滞水。

（10）用树叶或椰壳覆盖树根周围地面，防止阳光暴晒，以降低温度。

（11）全部定植完成后，收集育苗袋并集中处理。

开挖植穴

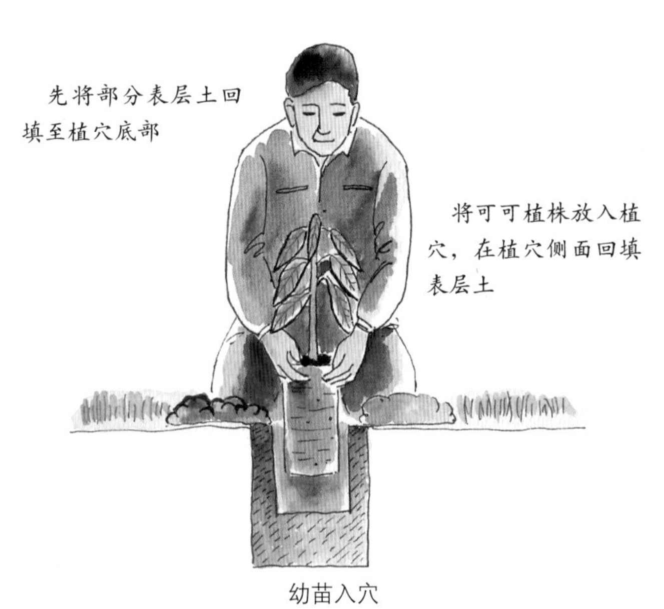
先将部分表层土回填至植穴底部
将可可植株放入植穴，在植穴侧面回填表层土

幼苗入穴

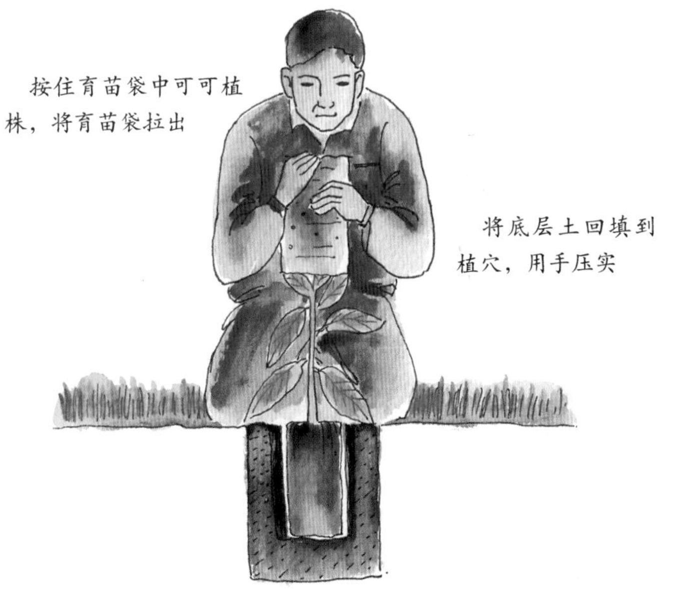
按住育苗袋中可可植株，将育苗袋拉出
将底层土回填到植穴，用手压实

移除育苗袋

3. 植后管理

定植后3 ～ 5天内如是晴天和温度高时，每天要淋水1次，在植后2个月内应适当淋水，以提高成活率；如遇雨天应开沟排除积水，防止烂根。嫁接种苗植后1个月左右抽出的砧木嫩芽要及时抹掉，并对缺株及时补植，保持种植园苗木整齐。

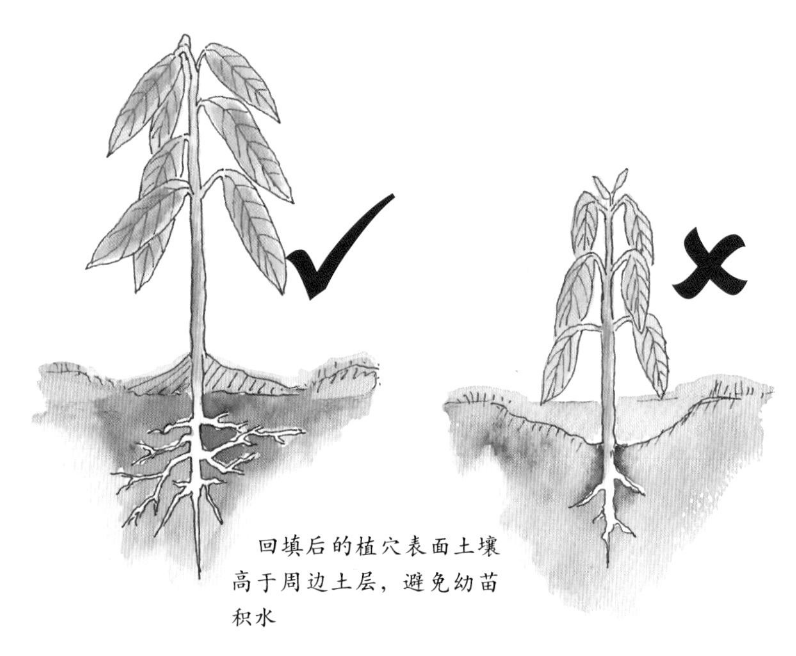

可可苗根部周围处理

第二节 田间管理

可可定植后，既要加强幼龄树管理，又要加强成龄树管理，这是提高可可产量与品质的关键。

一、幼龄树管理

1.除草

（1）控制幼苗周边杂草，清除以幼苗为中心半径30～50厘米内杂草。

（2）根据天气及杂草生长状况，每2～3个月清理一次杂草。杂草不及时清理，会与幼苗争水争肥。

（3）清理掉的杂草与落叶覆盖在植株周围，不仅能降低土壤水分流失，还能抑制杂草生长。

幼龄可可园除草

割除可可种植园内行间杂草

2.施肥

（1）幼龄树施肥，以促进枝梢生长、迅速形成树冠为目的。
（2）春季在树冠滴水线处开沟轮流施有机肥10 ~ 15千克。
（3）每次抽新梢前施速效肥促梢壮梢。

3.灌溉与排水

（1）幼龄阶段，满足可可树对水分的需求。可可定植最好选在雨季初进行。

（2）定植初期，每天至少淋水1次，至6月龄后可减少淋水。

（3）种植园土壤水分减少到有效水分60%时，可可光合作用与蒸腾作用开始下降，旱季及时灌溉或人工灌水。

幼龄可可园挖施肥沟

幼龄可可园施肥

(4) 幼龄阶段，用干杂草、干树叶或套种的绿肥等覆盖地表，减少水分蒸发，保持园地土壤湿润，调节土温，防止土壤板结。

(5) 在雨季前后，对种植园内排水系统进行整修，并根据不同部位需求，扩大排水系统，保证可可园排水良好。

4. 荫蔽树

(1) 及时补种受病虫等侵害死亡的植株，定植时幼苗主根受损严重或荫蔽不足也会导致植株死亡。

(2) 伴随幼苗逐渐长大，逐步清除设置的临时荫蔽树，定植后3 ~ 4年，每667米^{2}保留6 ~ 10株荫蔽树。

疏伐荫蔽树

5. 修枝整形

（1）幼苗生长过程中顶端受损，主茎上会长出2个或2个以上分枝，修剪掉弱小分枝，保持单一主干。

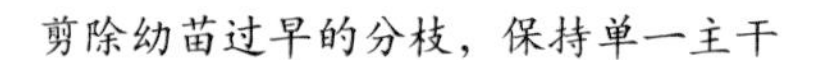

修剪过低分枝

（2）幼龄园荫蔽度大，导致幼龄可可树干徒长，分枝部位过高。幼龄可可树分枝部位高于1.5米时，将主干从离地30厘米处剪断，待树桩上重新萌生出直生枝，保留1条健壮的直生枝，分枝部位的高度在1.2 ~ 1.5米，树体可以形成合理的结果空间。

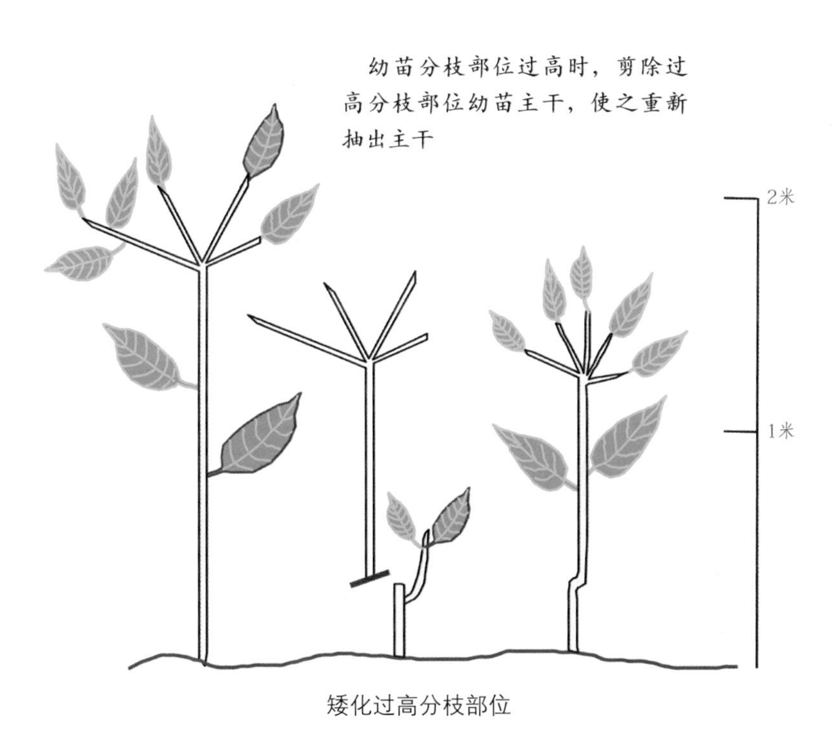

矮化过高分枝部位

（3）幼龄园部分植株可能会在主干的较低位置形成分枝部位，如果分枝部位低于1米，也可以剪除已形成的分枝，使之再萌生出直生枝，提高分枝部位。

（4）幼龄植株倒伏，树根部位会再生出数条直生枝，保留一条健壮且分枝部位合适的直生枝为主干，待新生的主干稳定后，锯除倒伏树体。

幼龄可可树倒伏再生

二、成龄树管理

1.除草

（1）控制园内杂草，用割草机将杂草高度控制在5厘米左右。

（2）根据天气及杂草生长状况，每2～3个月清理一次杂草。

2.施肥

（1）施肥原则

①过度荫蔽、需要修剪的可可种植园不适合施肥，应降低园内荫蔽度、除草、修剪后再施肥。不然施用的肥料只会用于植株过度营养生长以及杂草生长，对增加结果量效果不大。

②对树体管理较好的幼龄可可园施肥，种植园能持续高产。

③最佳施肥时间是小雨或阵雨之前，炎热、干旱以及暴雨季节不适合施肥。

（2）施肥方法

①在可可春季发芽、抽梢前施速效肥，促进新梢生长；在可可果实迅速膨大期施保果肥，促进果实生长发育；主果季后，施养树肥，及时给植株补充养分，以保持或恢复树体生长势。

②可可施肥方法应根据树龄、肥料种类、土壤类型等来决定。适当的施肥方法能减少肥害，提高肥料利用率。

③施肥前，清理以树根为中心、半径1米范围内的落叶和杂草；施肥后，再用落叶和杂草覆盖肥料。

④施用有机肥，在可可树冠滴水线处开沟，每年每株施10～15千克有机肥。

⑤施用化肥，在以树根为中心、半径0.5～1米范围撒施，每年每株施250～500克化肥（N∶P∶K＝15∶15∶15的复合肥与尿素比例约为1∶1），分3次施，每次100～150克。

下小雨前，在可可树冠滴水线处及行间地面撒施肥料

成龄可可种植园施肥

3.修剪

(1) 修剪目的

①可可树体高度合理，结果枝能持续大量产果。

②清理死亡、弱小、受损、病虫侵害的枝条。

③促进可可种植园内空气流通。

④调节可可种植园透光率，光照不足会诱使病虫害频发、产果量下降，光照太强会晒伤树皮和果枕。

⑤控制可可种植园荫蔽度，尽可能增大可可叶片受光面积，成龄可可园最低荫蔽度为10%～15%。

⑥保持理想树型，约75%光照直接照射到可可树叶片上，部分阳光照射到主干与主分枝的结果区域，5%～10%光照透过树体照射到种植园地面。

(2) 修剪工具

修剪工具包括修枝剪、高枝锯、修枝刀、手锯等。

(3) 修剪时间

最佳修剪时间为主果季和次果季之后，或结果旺季。依据季节、种植区域、台风季、气候类型等，不同种植地修剪时间会有所差异。

(4) 修剪规则与方法

①修剪前，清理可可种植园内杂草，疏剪种植园内荫蔽树，降低荫蔽度。

②成龄可可树修剪顺序是先修剪顶层分枝，再修剪低层分枝。

③修剪形成4～5条一级扇形分枝，保留空间布局合理的二级分枝。

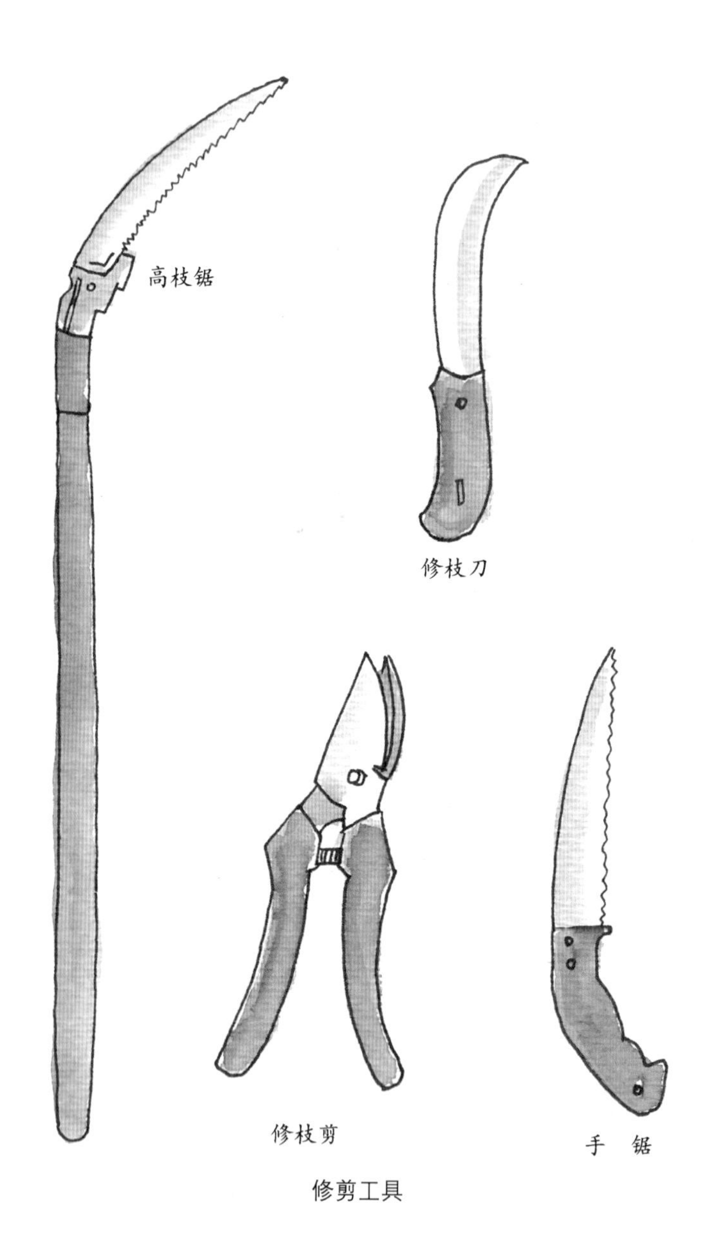

修剪工具

(5) **修剪末端**

剪除后的枝条末端不要留有枝条凸出，修剪时将分枝紧贴主枝剪下。修剪末端留有过长凸出的枝条，枝条干枯后会诱使白蚁等害虫筑巢，危害植株。

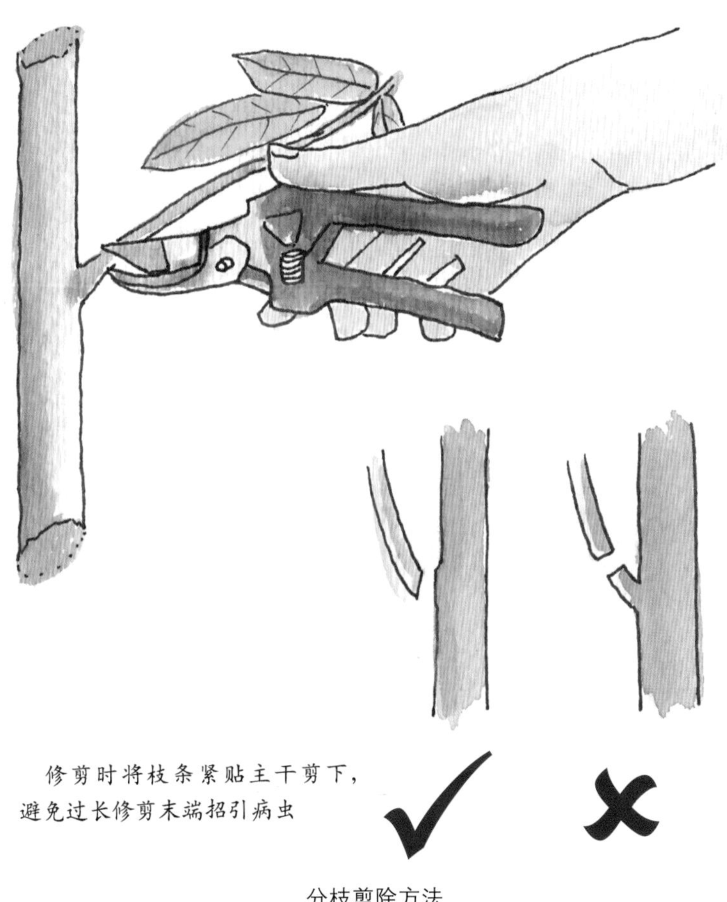

分枝剪除方法

（6）高度控制

①修剪后树体高度控制在3.5 ~ 4米，修剪过长或过高的侧面优势分枝。

②优势分枝是同类分枝中明显比其他分枝高或长的分枝，侧面优势分枝会与周边的可可树争抢光照。

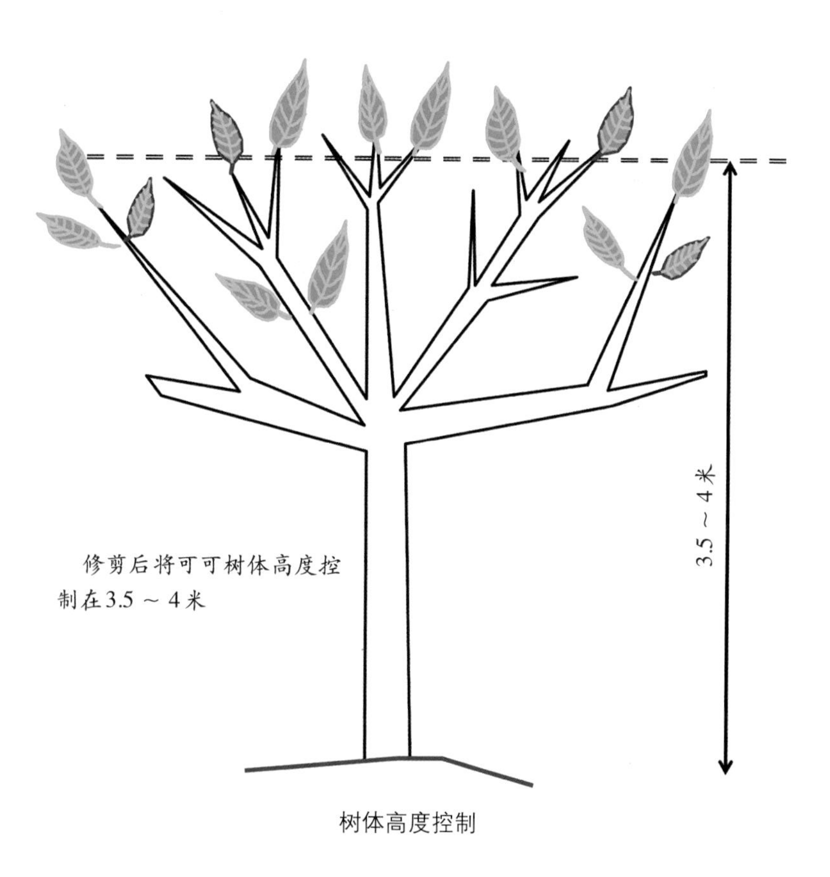

树体高度控制

(7) **树冠**

①保持树冠完整性，修剪时保留树冠中间部位的分枝用于树体自身荫蔽。

②树冠缺乏中部分枝，大量光照会透过树冠照射到树体上的结果部位，灼伤树皮、果枕，导致结果量降低。

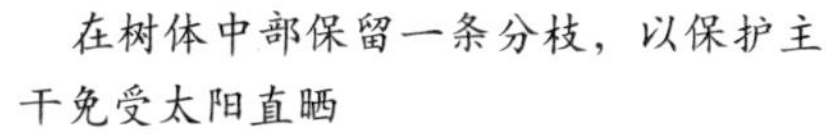

树冠控制

(8) **结果部位**

①剪除分枝部位以下的分枝，促进种植园内空气流通，使树体上的结果部位最大化。

②剪除一级分枝上40厘米内或60厘米内的二级分枝。通常剪除幼龄植株一级分枝上40厘米内的二级分枝，成龄植株一级分枝上60厘米内的二级分枝。

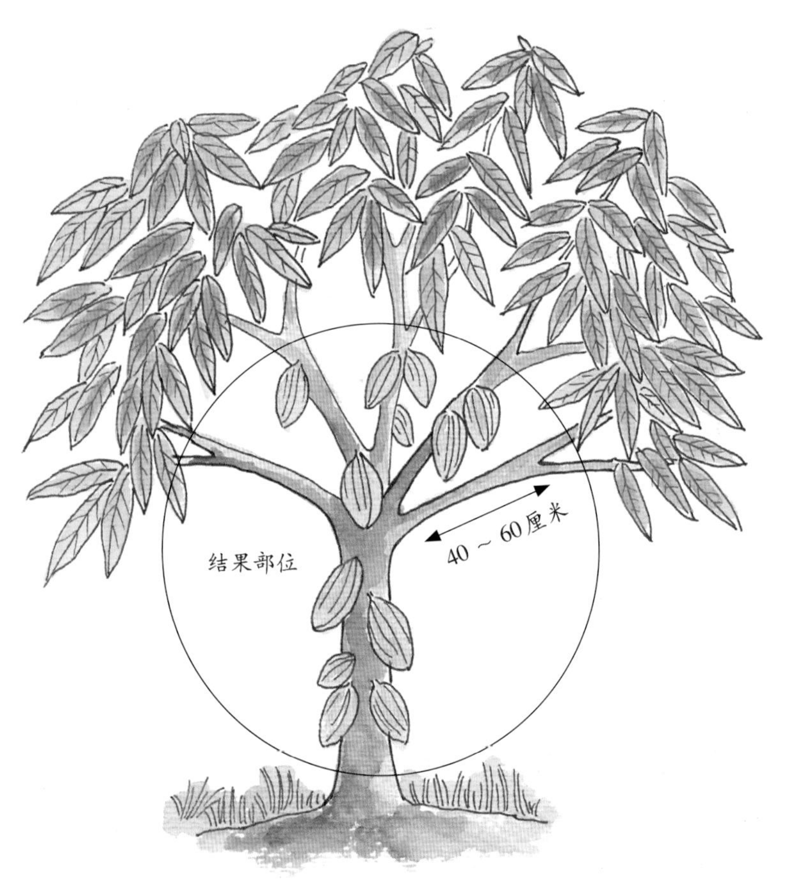

修剪后理想可可树型

（9）**下垂分枝**

剪除一级分枝上低于分枝部位的下垂枝条，最低枝条的高度保持在1.2 ~ 1.5米。

（10）**交叉分枝**

剪除树体主干与一次分枝上交叉覆盖的枝条，以增加通风，扩大结果部位。

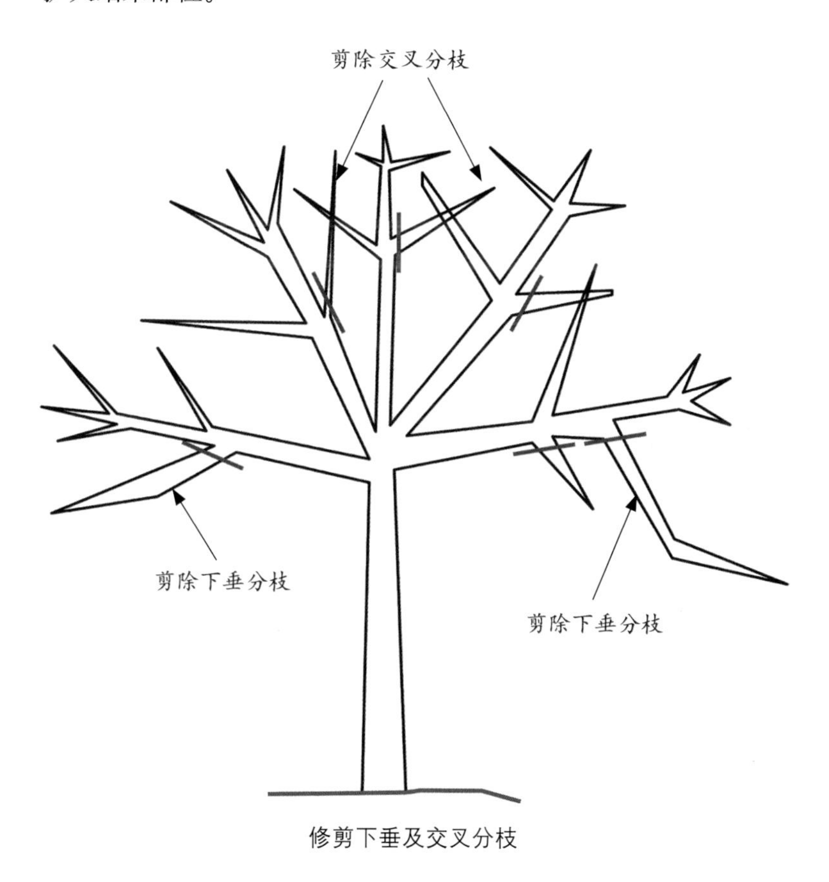

修剪下垂及交叉分枝

(11) 过密分枝

修剪后的位置会再次萌发出多个小分枝，需要疏剪新萌发的小分枝，留一条小分枝即可。

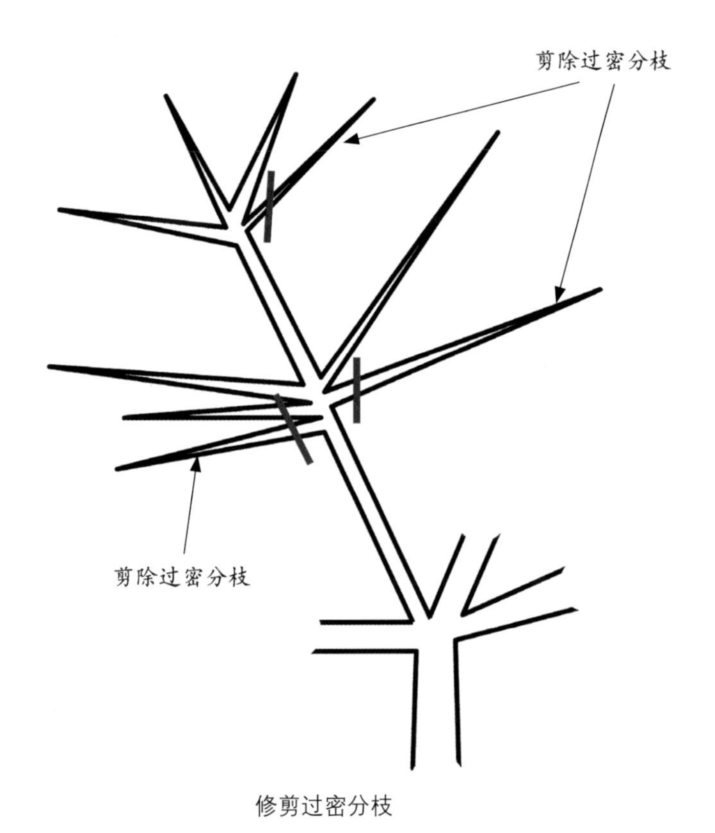

修剪过密分枝

(12) **末端分枝**

修剪相邻植株交叉的末端分枝，相邻植株末端分枝间保持10～20厘米间隔，增加种植园内空气流通和地表光照。

修剪末端交叉分枝

末端交叉分枝修剪前

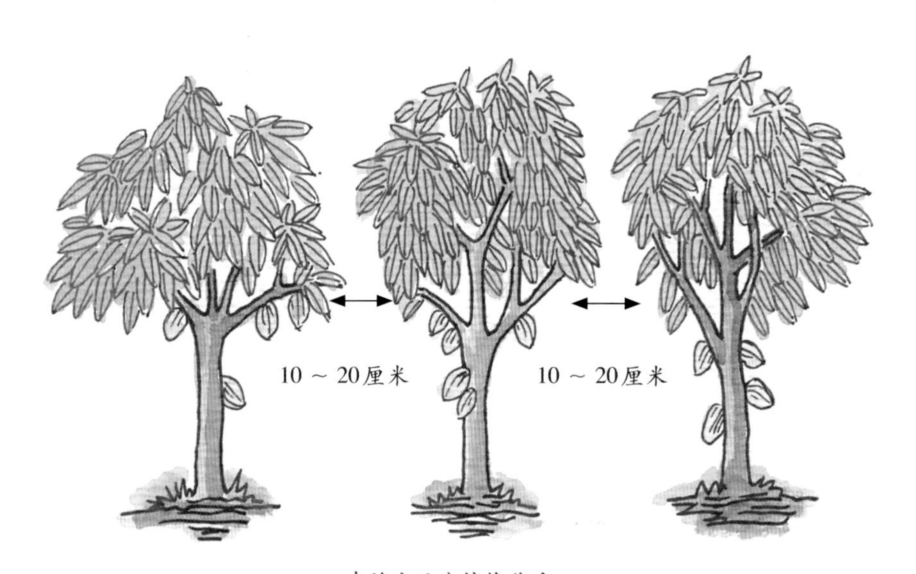

末端交叉分枝修剪后

末端分枝修剪前后树冠对比

(13) **直生枝**

①直生枝也称徒长枝，直生枝只会消耗树体的水分与养分，需要及时剪除。

②直生枝刚抽生出来时，比较柔软，较易修剪；直生枝生长迅速，发育成枝干后修剪起来会比较困难，应在直生枝抽生早期及时控制。

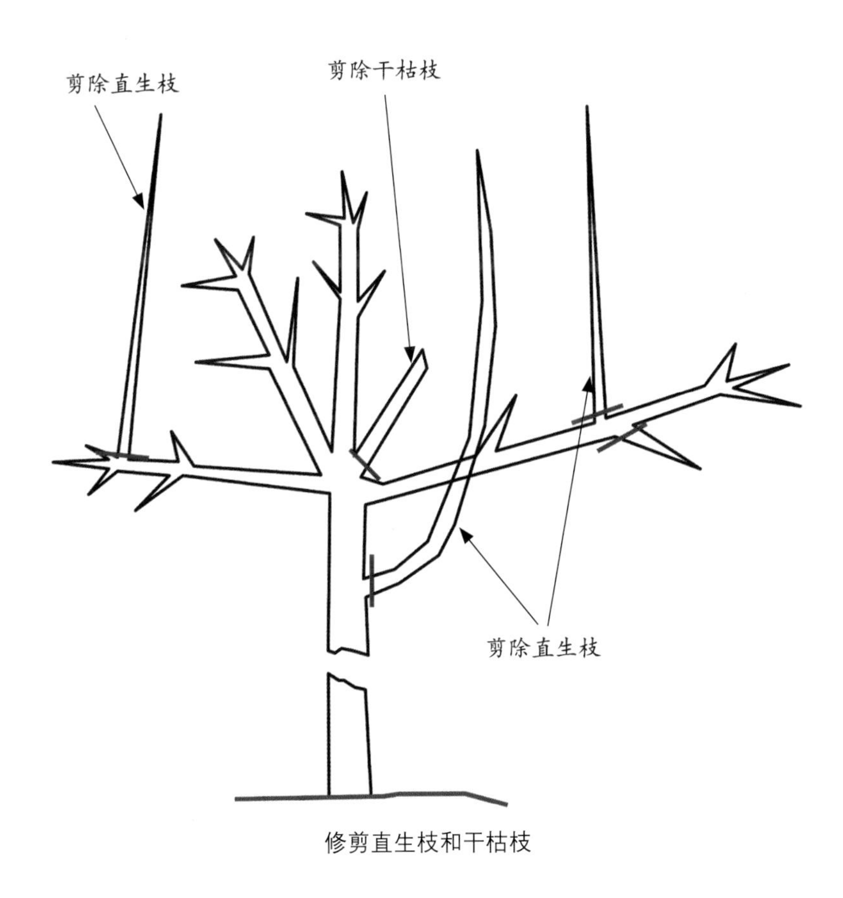

修剪直生枝和干枯枝

直生枝形成多层树冠

4.疏果

（1）可可树结果初期，进行合理的疏果，控制每株结果数量，使之形成生长势旺盛的树体。

（2）疏果可以调节大小年现象，是确保可可树高产、稳产、优质的一项重要措施。

（3）可可树开花后结合摘梢，在授粉后60～70天进行人工疏果，疏除干果、病虫果、小果、畸形果等，选留生长充实、健壮、无病虫害、无缺陷，着生在主干和主分枝上果实横径大于4厘米的果实。

（4）一般可可树种植2 ~ 3年结果，结果后第1年每株留3 ~ 5个果，第2年7 ~ 8个，第3年15 ~ 20个，第4年20 ~ 30个，第5年30 ~ 40个，第6年40 ~ 50个，进入盛产期每株留50 ~ 80个果。

三、老龄可可园管理

1.重修剪控高

（1）重修剪需要梯子、油锯、高枝锯、手锯等工具。

（2）重修剪应在一年内2 ~ 3次分步实施，最终将树体高度控制在3.5 ~ 4米。

（3）重修剪的最佳时间在主收获季后，一般在7 ~ 8月。

（4）第一次修剪以控制高度为主，保留空间位置合理、健壮的扇形分枝组成新树冠；修剪后6个月进行第二次修剪，疏剪过密的扇形分枝。

（5）重修剪后，会诱发直生枝的大量生长。应及时修剪抽生的直生枝，每个月处理一次。如果没有及时处理抽生的直生枝，直生枝会快速长大，形成一个新树冠，导致修剪失败。

（6）重修剪时，注意保留树体中部的主分枝和枝条，避免过多光照直接照射结果部位，晒伤果枕和树皮。

2.更新复壮

（1）30年以上的可可种植园，树体逐渐老化，结果量下降，病虫害频发。老龄可可植株树体高大，留在较高树冠上感染黑果病的病果，会成为可可种植园内病害源头，感染园内下层的可可果。

老龄可可植株重修剪

（2）砍伐过老可可树体，保留树桩，树桩上会抽生出新枝条，在树桩基部保留一条健壮的直生枝，直生枝长出的新根系与原有根系融为一体，形成新植株。对更新后的植株进行除草、施肥、修剪等管理，1 ～ 1.5年就会开始结果。

老龄可可种植园更新

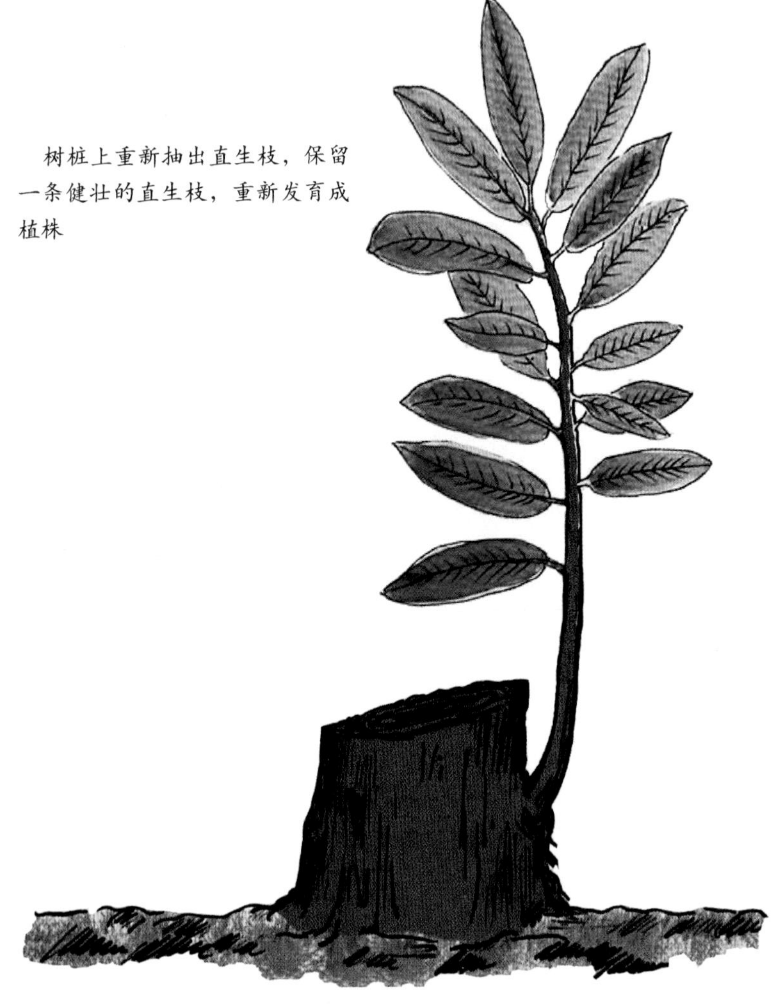

更新后重新萌发植株

本章要点回顾

1.可可种植园建设包含哪些方面内容?

2.适宜可可生长的降水与温度条件是什么?

3.适宜种植可可的土壤条件是什么?

4.可可种植园一般规划多大面积?防风林呈什么方向栽种?

5.可可种苗定植时有什么要求?

6.可可种苗定植步骤有哪些?回填植穴土壤顺序有什么要求?

7.可可幼龄树的主要田间管理措施有哪些?

8.可可树整形修枝目的是什么?

9.可可树修剪需要哪些工具?

10.可可树修剪末端如何控制?树体高度应控制在什么范围?

11.可可树下垂、交叉、过密分枝如何修剪?

12.如何控制可可树的直生枝?

13.老龄可可种植园如何更新复壮?

第五章

可可病虫害防控

第一节　病虫害防控原则

贯彻“预防为主，综合防治”的植保方针。可可有多种病虫害，应结合园内除草、控制荫蔽度、整形修剪，采用化学、物理、生物防控等多种措施进行综合管理。

一、病虫害综合管理

病虫害综合管理，是在作物种植周期，通过田间管理，为作物生长和生产提供最佳条件。实施病虫害综合管理，要了解作物生长发育过程，弄清病虫害产生原因并进行干预，以实现产量最大化。

实施可可病虫害综合管理能实现种植园的产量最大化，它需要综合考量可可生长环境、产区主要病虫害、可可品种类型等，在最佳时期管控好可可树与环境、病虫害之间关系。

1. 管理策略

（1）不要单独开展某一项田间管理工作，各项田间管理工作要集中实施，综合的投入与管理组合能获得显著成效。

（2）在病虫害集中暴发期，建议种植区域内所有的可可种植园均进行病虫害综合管理。如果部分可可种植园未管理或管理不到位，将阻碍病虫害的全面防控，病虫害仍能从未管理可可种植园向外传播，导致管理效果不佳。

（3）实施病虫害综合管理的可可种植园，应定植优良可可品种，具有高产、优质、抗病虫等特性。

2. 管理时期

（1）开展可可病虫害综合管理的时间很关键，应在病虫害发生的最薄弱时期进行。

（2）可可病虫害综合管理应每年实施两次，一次在主果季之后，一次在次果季之后。

3. 管理方式

实施可可病虫害综合管理时，操作要温和，以免损伤树体。

管理实施时期	开花坐果时期	果实收获时期
“重”管理： 5月、6月、7月	8月、9月、10月	主收获季： 2月、3月、4月
“轻”管理： 12月、1月、2月	2月、3月、4月	次收获季： 9月、10月、11月

（1）“重”管理

①清理“树头”直径1米内的杂草。

②选择性修剪荫蔽树，使75%阳光照射到可可叶片。

③相邻可可树冠间修剪出10 ~ 20厘米间隔。

④修剪下垂分枝，保持最低树冠离地面1.2 ~ 1.5米。

⑤剪除直生枝。

⑥防控病虫害，保持可可种植园内卫生。

⑦进行重度修剪控制树高，将可可树高控制在3.5 ~ 4米，并塑造出结果树型。

(2)“轻”管理

①清理“树头”直径1米内的杂草。

②选择性修剪荫蔽树，使75%阳光照射到可可叶片。

③相邻可可树冠间修剪出10 ~ 20厘米间隔。

④修剪下垂分枝，保持最低树冠离地面1.2 ~ 1.5米。

⑤剪除直生枝。

⑥防控主要病虫害，保持可可种植园内卫生。

二、病虫害化学（农药）防控

农药是防控病虫害的有效手段，但是如果施用方法不当，会降低防控效果。农药对人、畜均有害，施用过程要小心，大量重复地使用除易产生抗药性外，还会对环境造成污染。

三、农药施用安全防护

(1) 严格把握农药的用法与用量，农药喷施过程要使用适当的防护用具，包括手套、护目镜、防水帽、雨靴、防毒面具等。

(2) 农药应放在儿童、牲畜触碰不到的地方。使用完的农药空瓶、袋不要乱丢，在远离水源的地方进行深埋处理。

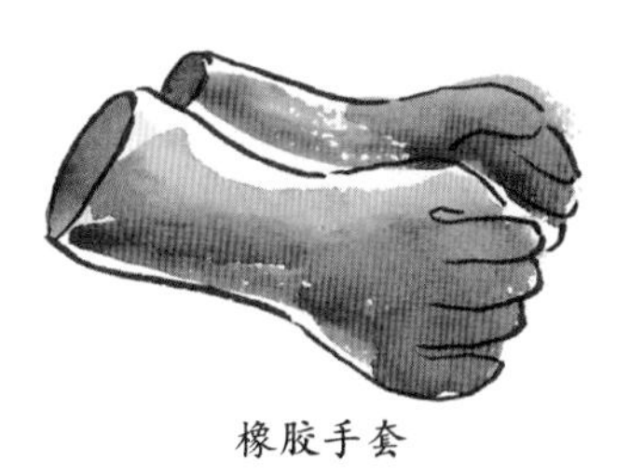

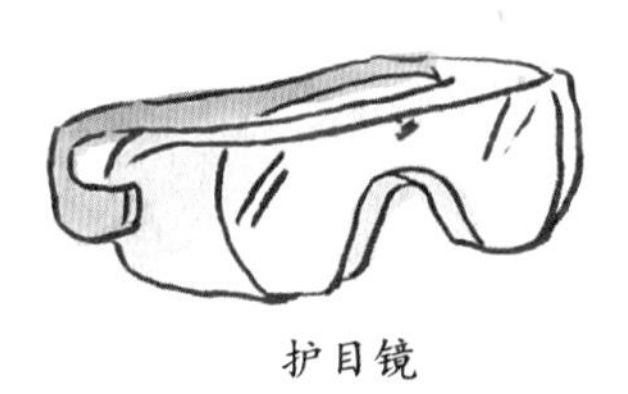

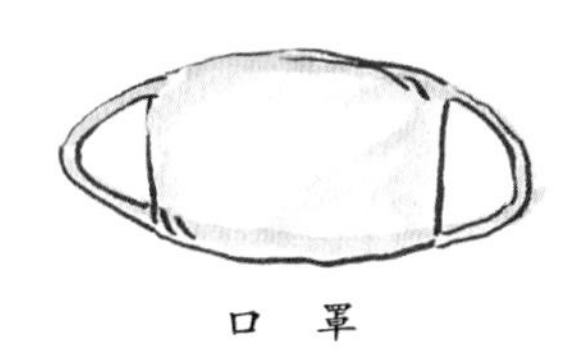

施用农药安全防护用具

可可种植园喷施农药

第二节 主要害虫防控

一、可可盲蝽

1.特征

（1）可可盲蝽又名茶角盲蝽、茶刺盲蝽，虫体黄褐色，腹部浅绿色，触角和足细长，中胸背板具一细长的杆状突起，突起末端膨胀，这是明显的识别特征。可可盲蝽若虫为棕绿色，没有翅膀。另外该虫闻起来有松脂油的味道。

（2）可可盲蝽很难被发现，当可可果实被盲蝽严重吸食后，才能找到盲蝽。

（3）在海南可可盲蝽无越冬现象，一年发生10 ~ 12代，世代重叠。

（4）可可盲蝽每代历期38 ~ 76天，其中卵期5 ~ 10天，若虫期9 ~ 25天，成虫寿命11 ~ 65天。

（5）每头可可盲蝽雌虫一生产卵32 ~ 139粒，卵散产于可可果荚、嫩枝、嫩叶表皮组织下。

（6）可可盲蝽取食时间主要在下午2时后至第二天上午9时前，每头虫一天可危害2 ~ 3个嫩梢或嫩果，10头3龄若虫一天取食斑平均为79个。

2.危害

（1）可可盲蝽的成虫和若虫以刺吸式口器吸食可可果实、嫩梢、嫩叶等组织汁液。

（2）可可幼果被可可盲蝽危害后，呈现多角形或梭形水渍状斑点并逐渐变成黑点，可可幼果最后皱缩、干枯、凋落。较大可可果被可可盲蝽危害后，果壳上留下大量疮痂，果实变得不规则或缩小，导致产量下降。

（3）大量可可盲蝽吸食可可嫩梢汁液，会危害可可幼苗顶芽生长。

（4）可可盲蝽寄主超过60种，且适应力极强，存在寄主转换现象，当主要寄主缺乏或者被喷施农药后，该虫可在附近非作物寄主植株上维持生活。

3.防控

（1）可可盲蝽发生与气候、荫蔽度及栽培管理有关。在海南岛主要可可种植区，可可盲蝽发生高峰期在每年3～4月。应定期修剪，使可可种植园荫蔽度保持40%左右。

（2）可可盲蝽发生高峰期，虫口较多时，采用农药防控。将配好的农药进行全园喷施，注意周边杂草也要喷施到位，间隔期15～20天，不同杀虫剂轮用以减少抗药性。

（3）药剂配制：

10毫升2.5%高效氯氟氰菊酯乳油（功夫）
10升水

或

10毫升3%啶虫脒乳油
10升水

（4）配制的10升药剂，约能喷洒100株成龄可可树。

（5）首次喷药14天内，再重复喷洒药剂一次，以杀死新孵化的若虫。

（6）绿树蚁、小火蚁对可可盲蝽具有生物防控效果，推荐使用绿树蚁进行生物防控。

可可盲蝽叮咬可可果实，在果实表面形成黑色疮痂

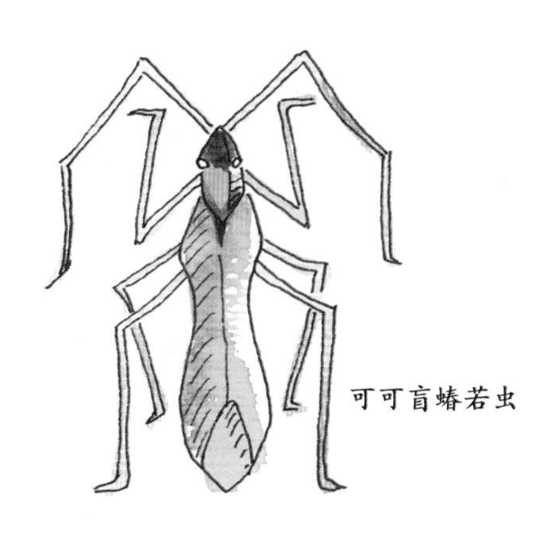

可可盲蝽及其危害状

二、小蠹虫

1.特征

成虫体长3～5毫米，体背黄褐色或黑色，有光泽，头部缩于前胸背板下，触角短小而末端膨胀呈锤状，翅膀密布排列整齐的纵向条状刻点，并长有稀疏的长毛。

2.危害

（1）小蠹虫成虫先在可可树上钻蛀侵入孔，交尾后再咬蛀与树干平行的母坑道，并将卵产在坑道两侧。幼虫孵化后，在母坑两侧横向蛀食，咬蛀与树干略垂直的子坑道。被害树体表面可见针锥状蛀孔，并有黄褐色木质粉柱。

（2）小蠹虫通常在可可遭受自然灾害或者采果后营养不足树体衰弱时进行危害。随着可可园树龄增长，老弱病残树增多，该虫由偶发变为常发。

（3）小蠹虫可携带真菌*Ceratocystis cacaofunesta*传播枯萎病。这种真菌在可可树干或枝条内部组织中繁殖，阻塞水分和营养传播，造成树体萎蔫或干枯。当小蠹虫在虫洞内爬行时会携带真菌孢子，病菌随着小蠹虫运动而传播扩散。

3.防控

（1）定期检查可可园，对虫害致死树、残桩或经治疗无效的严重受害树及时砍伐，并集中烧毁，消灭虫源。

（2）定期清除可可园内杂草、枯枝及周边野生寄主等，发现可可园附近有被小蠹虫钻蛀死亡的寄主，应焚烧处理。

（3）加强可可园抚育管理，适时合理修枝、间伐，改善园内卫生状况，保证肥水充足，保持树体长势旺盛和抗虫能力。

（4）锯除伤残枝干，用沥青柴油混合剂涂封伤口。

(5) 在成虫羽化盛期，喷施农药降低虫口密度。

(6) 药剂配制：

30毫升2.5%溴氰菊酯乳油
30升水

或

50毫升48%乐斯本乳油（毒死蜱）
40升水

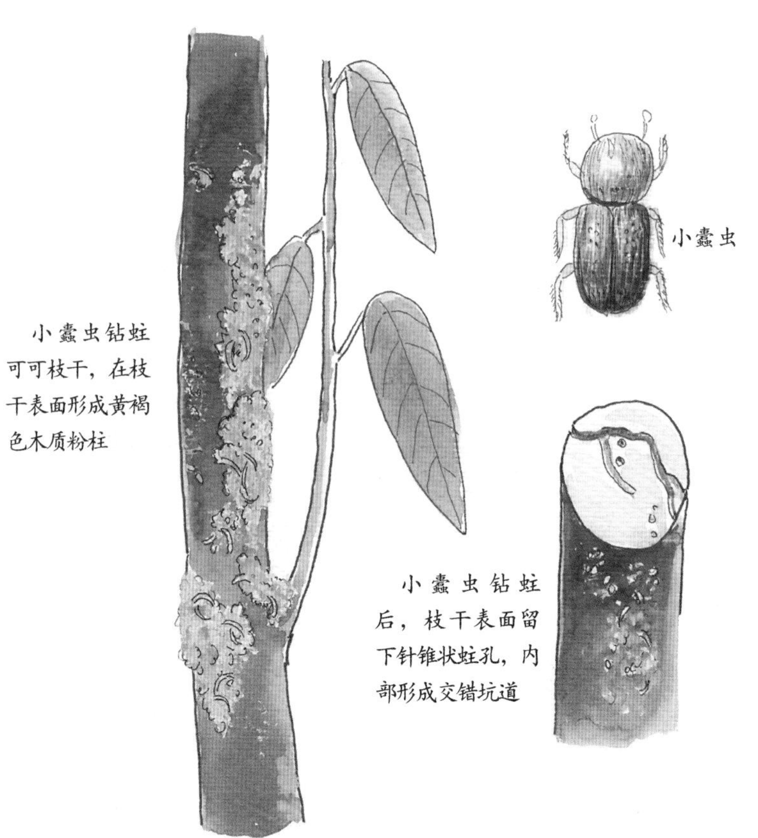

小蠹虫及其危害状

三、白蚁

1.特征

(1) 白蚁是以木头为食的一类蚂蚁，常筑巢于木质门框、家具。

(2) 白蚁常危害可可树的树干与分枝。

2.危害

(1) 可可树的早期白蚁危害较难探测，白蚁危害晚期，

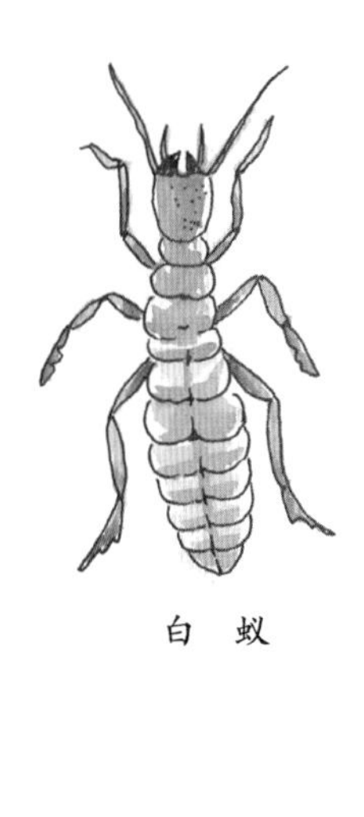

白蚁及其危害状

树体强度下降，在强风、暴雨天气，导致树体倒伏、主枝断裂。

（2）白蚁危害后的可可树，树皮变得松软、呈海绵状。

（3）白蚁从可可树干枯树枝侵入危害，在危害之初，尚未发展成大规模蚁巢前，可以通过检查干枯树枝截面发现白蚁侵入。

（4）白蚁等害虫在可可树干表面用土建造巢穴通道，导致黑果病及其他病害向可可树体扩散。

3.防控

（1）定期检查可可园，及时清理枯枝。白蚁从可可树干枯树枝处侵害，修剪分枝时尽量紧贴主分枝或树干。

（2）如果修剪方法恰当，修剪处会长出愈伤组织，结痂后包裹伤口，阻止白蚁侵入。

（3）找到白蚁巢穴，用刀将蚁巢打开，将配好的农药滴入蚁巢。

（4）药剂配制：

30毫升2.5%溴氰菊酯乳油（敌杀死）
10升水

或

30毫升20%吡虫啉乳油
12升水

或

50克97%氟铃脲粉剂
10千克木屑

可可种植园白蚁通道处置方法

四、天牛

1.特征

天牛成虫长有翅膀，触角很长，往往超过体长，能在可可种植园及灌木丛内飞行。天牛幼虫头部较大，身体呈节状。

2. 危害

（1）天牛成虫在可可树皮内产卵，幼虫孵出后穿透树皮，钻进可可树木质部。

（2）天牛幼虫在可可树体内环形钻蛀，能摧毁整个主干或分枝，天牛幼虫钻蛀后的孔洞会留下大量的木屑，并伴有汁液渗出。

（3）天牛幼虫对新建立的可可种植园危害更大，天牛幼虫的钻孔不仅影响树体长势，也是感染可可溃疡病的侵入口，严重时会导致可可树快速死亡。

3. 防控

（1）定期检查可可种植园内天牛的危害状况。

（2）天牛成虫喜欢在阴暗、潮湿的环境产卵，经常除草、修剪，降低园内荫蔽度和湿度，破坏天牛产卵环境，能大大减轻天牛危害。

（3）禁止将刀伸到蛀洞杀死天牛幼虫，刀会对可可树体造成严重伤害。用柔韧性较好的电线插进蛀洞，灭杀天牛幼虫。蛀洞用药剂处理，预防感染可可溃疡病等，用刷子清理天牛蛀出的木屑，再将配好的药剂涂抹在蛀洞口。

（4）药剂配制：

45毫升2.5%高效氯氟氰菊酯乳油（功夫）
250毫升矿物油
15克精甲霜粉剂

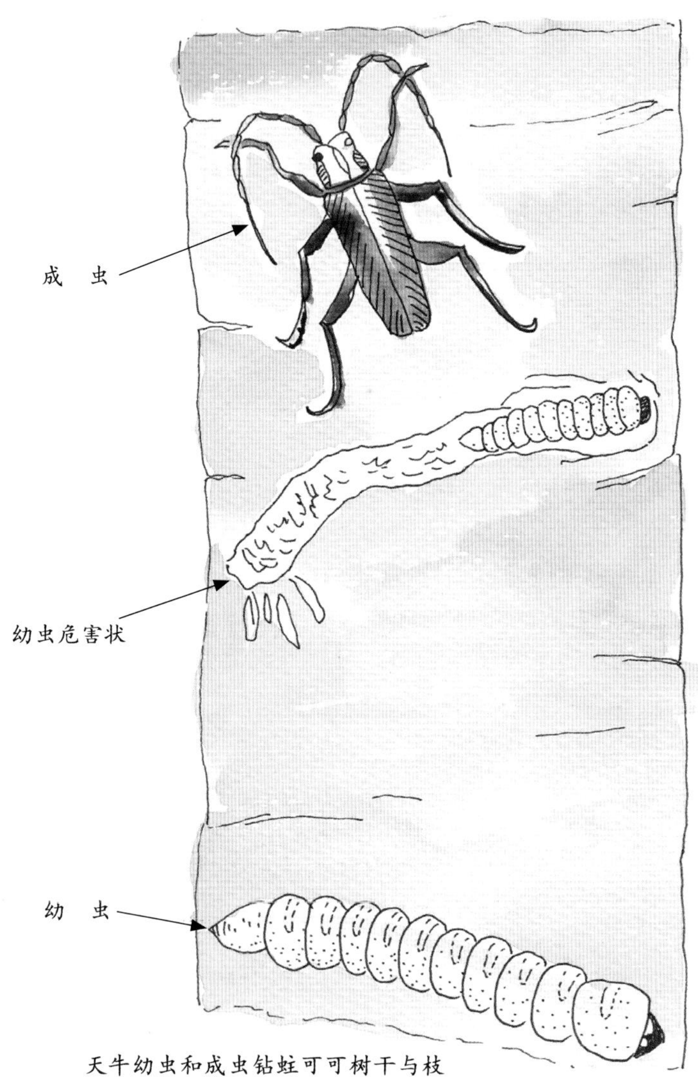

天牛幼虫和成虫钻蛀可可树干与枝条，留下虫道，导致树体长势变弱

天牛及其危害状

五、尺蠖

1.特征

尺蠖是尺蛾类幼虫的总称。虫体柔软，常带有浅色条斑，虫体长达几厘米不等。尺蠖行走时呈“弓”字形，如架起的桥梁，故又称造桥虫。尺蠖幼虫时期会蜕5次皮，化蛹后挂在可可树上或掉落在地面上，化蛹8天后蛾子就会破蛹而出。

2.危害

（1）多数尺蠖会危害可可叶片。尺蠖成虫（蛾子）在可可树和荫蔽树上产卵，卵几天后就会孵化成幼虫，尺蠖幼虫会不停地啃食可可嫩叶。

（2）尺蠖幼虫在自然界中存在鸟类等大量天敌，虫口密度常处于较低水平，对可可树叶片啃咬危害较轻。然而，尺蠖幼虫大量暴发、虫口密度较大时，该虫会严重啃食叶片，导致可可产量下降。

3.防控

（1）建议采用椰子或山毛豆作为可可的荫蔽树，椰子或山毛豆能降低尺蠖对可可的危害。

（2）可可定植后，3年以内的种植园出现严重尺蠖危害时，采用农药防控，喷施可可枝叶，控制尺蠖。

（3）药剂配制：

30毫升10%溴虫腈悬浮剂
40升水

或

15毫升15%茚虫威乳油
30升水

或

25毫升2.5%联苯菊酯乳油
40升水

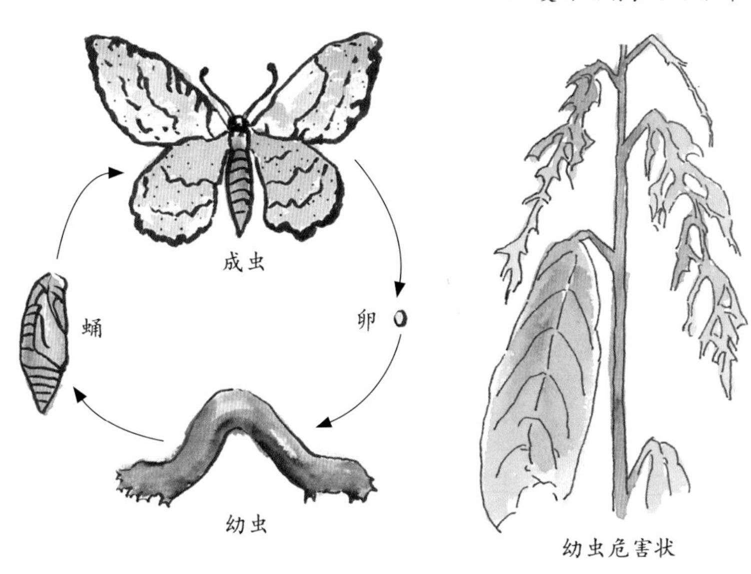

尺蠖及其危害状

六、可可蛀荚螟

1.特征

（1）可可蛀荚螟成虫是一种蛾子，大小与蚊子类似，外表呈现棕色。一般肉眼很难发现，该虫在可可果壳的“沟”中产卵。

（2）可可蛀荚螟虫卵孵化后，幼虫钻进可可果壳内，以可可豆为食。可可蛀荚螟幼虫钻出可可果实时，会在果壳上留下肉眼可见的孔洞。随后，幼虫以可可叶片为食，直至羽化为成虫。

2.危害

（1）可可蛀荚螟危害较大，种植园一旦感染，会导致80%～90%的产量损失。在我国可可主产区尚未发现可可蛀荚螟。

（2）可可蛀荚螟进入可可果实后，以果实内的可可豆为食，导致可可豆生长发育停止，可可豆脱色并粘连在果壳内壁上。可可蛀荚螟进出可可果实部位呈现黄色。

3.防控

（1）可可蛀荚螟幼虫孵出后，仅在可可果实内停留2周左右，并且药剂很难施用到可可果实内部。目前尚无有效的农药能防控可可蛀荚螟，多采用加强田间管理的方法来降低损失。

（2）田间管理措施包括：

①加强修剪，将可可树体修剪成标准结果树型。

②果实成熟季，及时采收每棵树上的成熟果实。

③将任何受可可蛀荚螟危害的可可果实进行深埋处理。

④参照病虫害综合管理措施，改善可可种植园内通风状况。

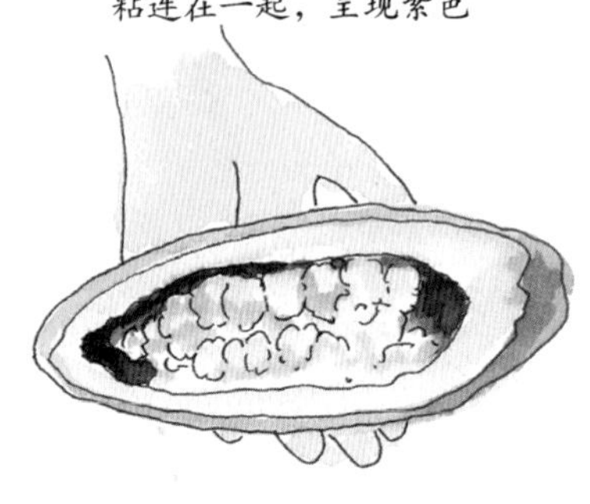

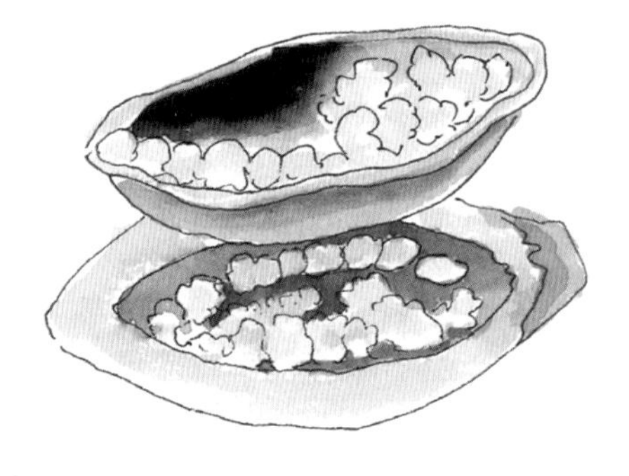

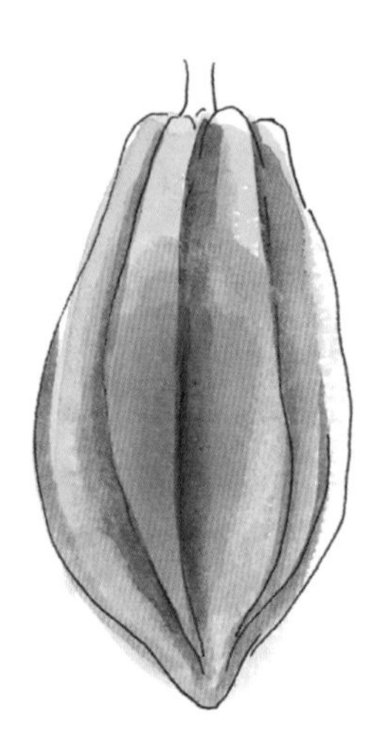

可可蛀荚螟危害状

第三节　主要病害防控

一、可可黑果病

1.特征

（1）可可黑果病致病菌主要为棕榈疫霉（*Phytophthora palmivora*）、柑橘褐腐疫霉（*Phytophthora citrophthora*）。与其他真菌性病害一样，可可黑果病在潮湿、多雨、阴暗条件下传播迅速。

（2）在旱季，病菌在地面和土壤中的植物残屑上，树上的病果、果柄、花枕、树皮内，地面果壳堆中，或其他荫蔽树的树皮中休眠。雨季来临时，休眠的病菌产生孢子囊，成为侵染致病源。

（3）可可果荚染病后，表面开始出现细小半透明状的斑点，斑点迅速变成褐色，再变成黑色，病斑迅速扩大，直到黑色病斑覆盖整个果荚表面。

（4）在潮湿环境中，染病黑色果荚表面长出一层白色霉状物，果荚内部组织呈褐色，病果逐渐干缩、变黑，不脱落。

（5）可可黑果病通过黑蚁、白蚁和其他昆虫传播。这些昆虫往树干上搬运含有致病菌孢子的土壤，造成致病菌散播到可可果荚。

（6）裸露的地表会加剧可可黑果病传播，暴雨天气雨滴飞溅，将致病菌孢子传播到可可果荚。

（7）感染可可黑果病的果荚也是病菌传播的主要源头，下雨或有风天气，将致病菌孢子冲刷或吹到健康果荚上，导致果荚染病。

（8）在海南，可可黑果病一般从2月开始发病，之后如遇连续一段阴天小雨，病害迅速发展，3 ～ 4月出现发病高峰。9 ～ 10月降雨量增大，发病率急剧上升，病害流行。至10月底至11月中旬可可树上同时出现开花、结小果及成熟果现象，且连续出现降雨天气，气温均在20 ～ 30℃，可可黑果病相对严重。

2.危害

（1）受感染的可可果荚，表面出现棕黑色斑点，最终会覆盖整个果荚。

（2）可可黑果病危害严重，果荚一旦感染而又不及时处理，会传染到树上大部分果荚，并造成严重的产量损失。

可可黑果病危害可可果实过程

3. 防控

（1）修剪荫蔽树及可可树，降低园内荫蔽度，保证可可枝条阳光充足。

（2）清理染病可可果荚，集中堆放在可可园内行间地面，并用修剪的枝叶覆盖。

（4）清理病枝和枯枝并及时修剪直生枝。

（5）定期收获成熟果实，树上不要留有过熟的可可果实。

（6）地表以落叶、有机物等进行覆盖，防止雨滴传播致病菌。

（7）定期清理树干、树枝上蚂蚁搭建的泥土巢穴和通道。

（8）刚投产的可可种植园，发现病果及时清理，以免产生持续性影响。

（9）种植抗病性强的可可品种，如阿门罗纳多（Amelonado）类品种，降低可可黑果病的影响。

（10）雨季是可可黑果病的高发期，雨季开始或清理病果之后，采用农药防控可可黑果病蔓延。将配好的农药喷洒到可可树干、分枝以及果实上，10 ~ 15天喷1次。

（11）药剂配制：

50克58%甲霜灵·锰锌可湿性粉剂
40升水

或

50克10%苯醚甲环唑水分散粒剂
50升水

清理树上感染可可黑果病的果实，将病果移出种植园，并喷药防止病情蔓延

清理感染可可黑果病果实

二、可可溃疡病

1.特征

可可溃疡病的病原菌与可可黑果病相同。可可溃疡病的症状主要表现在树干和枝叶上，首先感病枝干出现溃疡，随后整棵树的叶片变黄，可可树逐渐死亡。

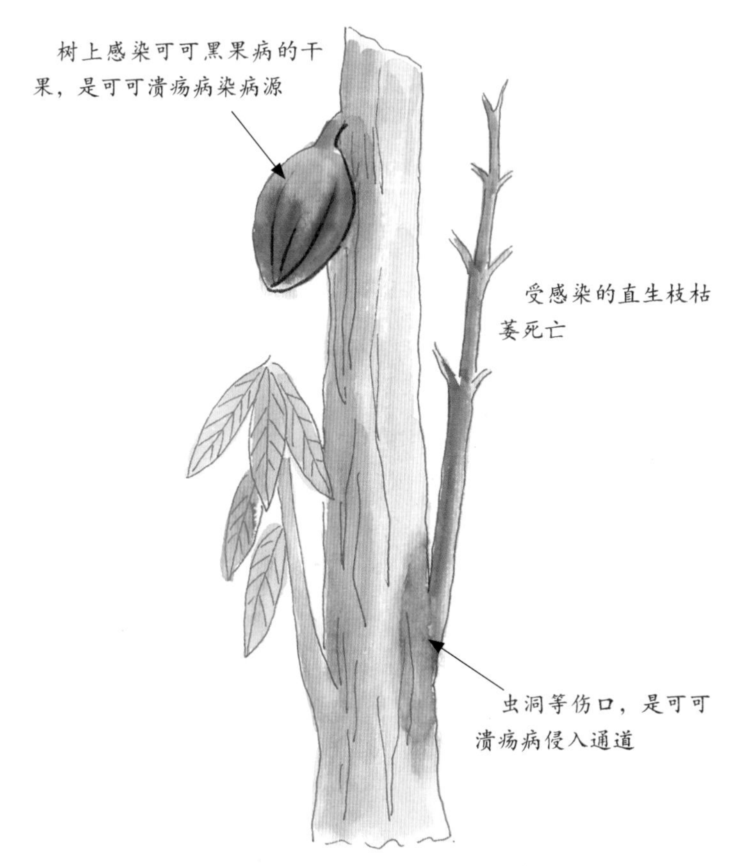

可可溃疡病危害状

2.危害

可可溃疡病的病源是挂在树上染病的黑果（可可黑果病）。病原菌常通过干枯的直生枝感染可可树体，也会通过天牛、小蠹等害虫钻孔感染可可树体。

3.防控

（1）管控可可种植园内感染源，避免可可树染病。

（2）定期清理感染可可黑果病的病果和干枯的直生枝。结合防控天牛等害虫，阻断传播途径。

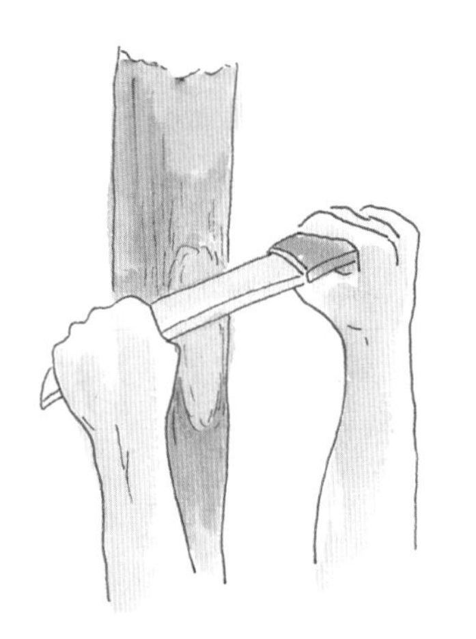

可可溃疡病处理方法

(3) 修剪荫蔽树、可可树，降低园内荫蔽度。

(4) 定期检查，发现可可树上新感染的溃疡斑，用刀刮去溃疡的树皮，让阳光晒干染病处；再涂抹杀菌剂（铜剂），阻止溃疡病蔓延。

(5) 铜剂配制：

20克氧化亚铜

10升水

(6) 可可树体上的溃疡一旦大量形成，就很难控制。这时应将可可树体从溃疡部位以下截除，保留直生枝，形成新植株。或者，将感染溃疡病的可可树砍掉，重新定植一株健康的可可苗。

本章要点回顾

1. 可可种植园病虫害防控原则是什么？
2. 可可种植园喷施农药需要哪些防护用具？
3. 可可盲蝽主要危害是什么？如何防控？
4. 小蠹虫对可可树有哪些危害？如何进行防控？
5. 白蚁对可可树有哪些危害？如何进行防控？
6. 可可黑果病的感病症状是什么？如何防控？

第六章 可可收获和初加工

第一节　果实收获

一、采果

（1）成龄可可树一年四季均可开花结果，从授粉成功到果实成熟一般需要150 ~ 170天。海南主果季为2 ~ 4月，次果季为9 ~ 11月。

（2）可可果实成熟后呈现橙黄色或黄色，在果实成熟季每1 ~ 2周集中采摘一次。采摘果实时，剔除病果、坏果。

（3）用剪刀或镰刀将可可果实采下。用手直接将果实从树干上拉下或拧下，会损伤果枕，病菌也会从拧伤部位进入树体而致病。

（4）过早采摘果实，果肉含糖量低，种子不充实，发酵不良；过熟采摘果实，果肉含水量降低，种子可能感染病害，也可能发芽，发酵速度过快致使可可豆品质不一。

（5）采收后的可可果可以存放2 ~ 7天，长时间存放会加速可可的预发酵，发酵时可可豆温度升高过快，影响发酵质量。

可可果实成熟后，用镰刀或剪刀采摘果实

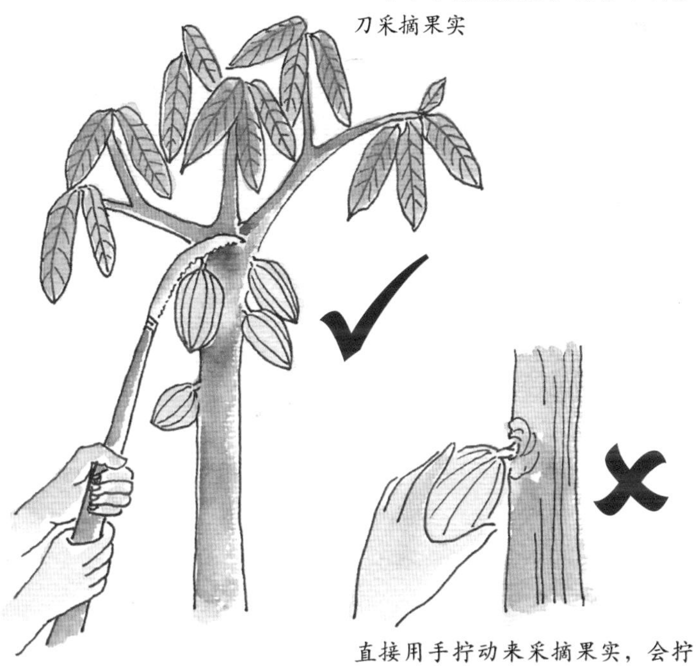

直接用手拧动来采摘果实，会拧伤树皮，影响后续结果

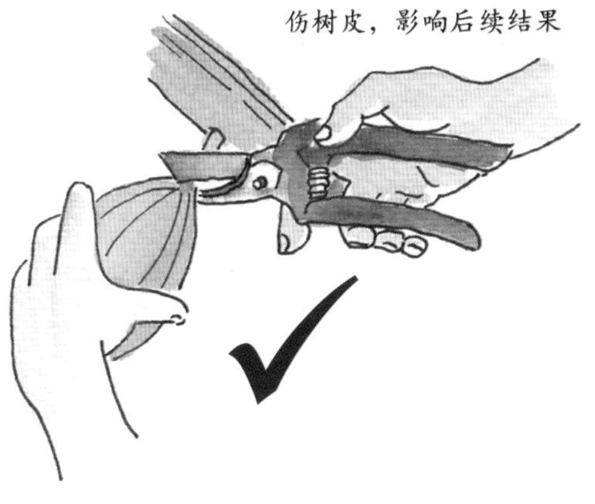

可可果实采收方法

二、取豆

（1）果实采摘后应及时取豆进行加工，采摘后的果实放置时间不应超过1周。

（2）用长方形木块或合适刀具破开果实，将可可湿豆收集在塑料桶中。破果时，不要用锋利的刀切开果实，以免划破可可豆。

（3）避免下雨天取豆，雨水会冲刷果肉中的糖分，影响后续发酵。

（4）剔除感染黑果病和过熟的可可种子。

破开果实，收集可可湿豆

第二节 可可豆初加工

一、发酵

1.发酵原则

(1) 从果壳中直接取出包裹果肉的生可可豆叫做“湿豆”。可可湿豆不具有香气，尝起来也没有巧克力等可可产品的味道，发酵能提高可可豆的品质，提升可可豆价格。

(2) 可可豆的巧克力风味是在发酵与焙炒过程中，通过微生物的共同作用以及烘焙时发生的美拉德反应形成的。

(3) 发酵后的可可豆呈棕色或者紫棕色，不经过发酵的可可豆干燥后呈石板色。采用不经过发酵的可可豆加工巧克力，苦涩味为主要风味，缺乏明显的巧克力香气，而且外表呈现灰棕色。

(4) 可可湿豆一般在木箱中发酵。不要采用尼龙袋或田间挖穴进行发酵，会导致可可豆品质低下。

(5) 可可湿豆应在取豆后，24小时内开始发酵。不同批次的可可湿豆单独发酵，不要将不同批次的可可湿豆混合发酵，发酵中途不要再加入新鲜的可可湿豆。

(6) 推荐使用50厘米×50厘米×50厘米木箱，底部及四周须留有一些孔，木箱过小不利保持发酵热量导致发酵不完全，木箱过大不利于箱内可可湿豆通风导致可可豆偏酸。

(7) 每次发酵前清理木箱，保证木箱底部孔洞、木板间缝隙畅通。

(8) 可可湿豆放入木箱后，用麻袋、木板等透气性好的材料盖住，既能保持木箱内发酵热量，又能保证木箱通风。

木箱发酵

2.翻豆

（1）可可湿豆需要连续发酵5～7天。发酵过程中，从第三天开始每天翻一次湿豆，促进空气进入木箱内部，同时打碎粘连的湿豆。

（2）每次翻豆，将位于木箱角落、边缘的湿豆与内部的湿豆充分混合，使得湿豆能均匀发酵。

（3）可可湿豆发酵过程会产生大量发酵液（俗称“流汗”），发酵液需要及时从木箱中排出。每次翻豆要清理堵塞木箱底部孔洞及木板缝隙的残渣，保持“排汗”孔正常运转。

翻 豆

3. 发酵质量

（1）发酵6天后，从木箱中随机挑取几粒湿豆，纵向切成两半。

（2）发酵好的可可湿豆，纵切面的外圈是棕褐色的，纵切面的中间部分正从紫色向棕褐色转变，纵切面沟槽中的液体是棕褐色的，闻起来有浓郁的发酵可可豆的味道，种皮内子叶呈现舒展状态。

（3）发酵后不及时处理可可湿豆，湿豆会变黑，产生臭味，并招引来绿头苍蝇，生产的可可豆品质低劣；发酵时，可可湿豆量过少会导致发酵不完全，湿豆也会变黑腐烂，可可豆品质低劣。

（4）发酵期间的气候状况会影响发酵的品质。在湿润多雨季节，发酵时可可豆温度上升缓慢，可可豆发酵不完全；在干旱季节，可可豆发酵后挥发酸含量高，可可豆发酵更完全。因此，在旱季发酵比雨季更好。

（5）发酵品质过于低劣的可可豆，收购商会拒绝收购。

二、干燥

1.清洗

（1）可可湿豆发酵完成之后，用清水冲洗，并及时干燥。

（2）清洗后的湿豆种皮会在12 ~ 24小时内变干，阻碍湿豆内部水分向外蒸发。如不及时干燥，湿豆就会发霉腐烂。

2.日晒干燥

（1）日晒是最简单常用的干燥方法。干燥少雨季节，可以直接将经发酵后清洗好的可可豆晾晒在水泥地面上；在雨季，需要晾晒设施来辅助干燥。

（2）晾晒设施由木架、顶棚构成。木架离地面高1米左右，宽2米左右。顶棚位于木架上，中间凸起，顶部覆盖透明塑料膜。

（3）可可豆日晒7 ~ 8天即可完成干燥。

3.炉火干燥

（1）可可豆初加工期间，遇上雨季、阴雨天气，采用炉火干燥更为适合。

(2) 干燥炉一般用木材、煤炭等加热。应将干燥炉预热之后再倒入经发酵后清洗好的可可豆，均匀平铺在炉床上。

(3) 干燥炉火势不能太大，宜文火缓慢干燥。生产上在最初干燥的12小时，一般采用过夜烘干。

(4) 过夜干燥后，熄火暂停几小时，让可可豆内部的湿气渗透到外部干燥部分。干燥过程中，如果不熄火暂停，会导致可可豆内外干燥程度不同。炉火干燥过程虽然是不连续的，但应持续干燥2天以上。

(5) 干燥完全的可可豆含水量在6%～7%。可可豆冷却后，用食指和拇指揉捏感觉不再具有弹性，挤压后可可豆碎成几片，或者抓起一把可可豆挤压，听到“沙沙”声响，表明可可豆干燥适度。如果干燥后，可可豆种皮变脆破裂，表明可可豆已过度干燥。过度干燥在后期运输和加工过程中易导致损失。

晴天，将经发酵后清洗好的可可豆铺在晾晒架上，进行日晒干燥

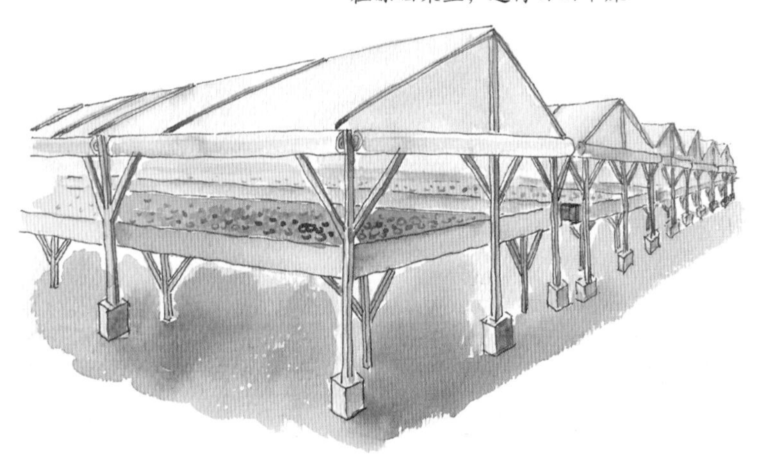

日晒干燥设施

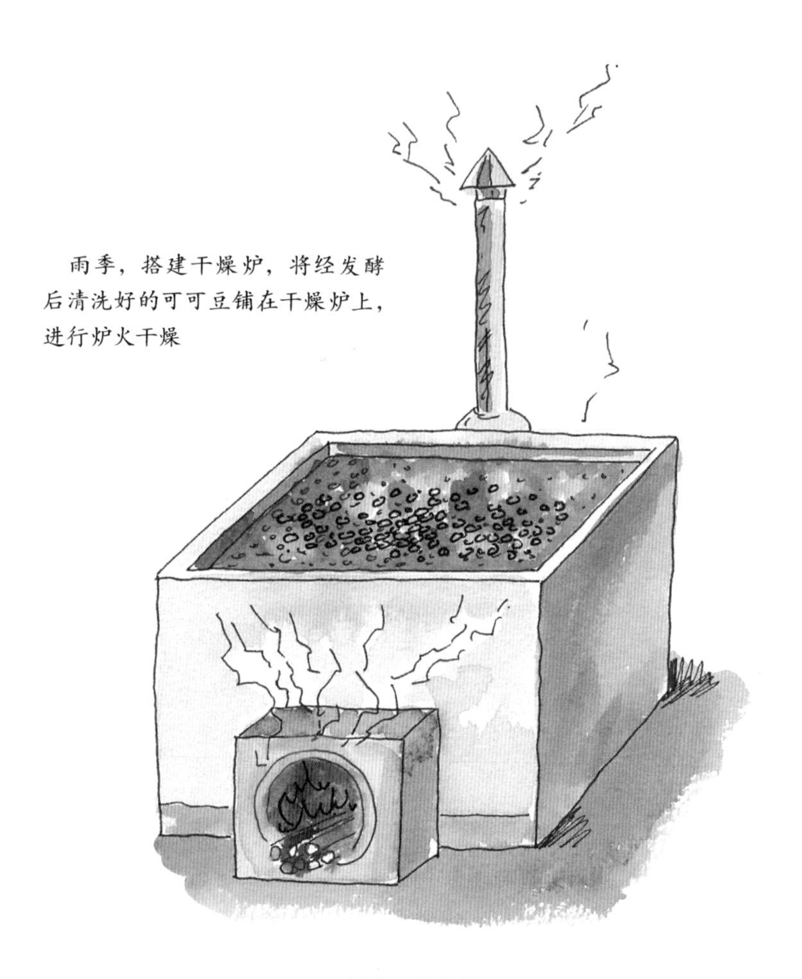

炉火干燥设施

三、包装储藏

（1）干燥好的可可豆自然冷却后，装入麻袋，保证可可豆含水量在7%以下。环境湿度大，可以在麻袋内加装一层塑料膜。

(2) 可可豆储藏仓库应选在排水良好、干燥的高地，密闭通风，防止老鼠等动物盗食。

(3) 搬动装有可可豆的麻袋动作要轻，不要在装有可可豆的麻袋上踩踏、坐卧，以免损伤袋内可可豆。

(4) 储藏可可豆过程中必须保持库房干燥、清洁、无异味。储藏库房要远离杀虫剂、肥料和油漆等具有明显异味的物质，否则可可豆易吸附异味物质，严重影响品质。

四、品质控制

1.风味品质

可可豆的风味在发酵及焙炒期间已经形成，将少量可可豆制作成巧克力，评判巧克力的浓度、苦涩味以及有无异味。可可豆可能存在的异味有霉味、烟熏味、酸味、苦涩味等。

(1) **霉味**

可可豆中有4%左右的发霉豆，制造出的巧克力便会有霉味。霉味经加工可以去除，通过切开可可豆可以评判霉味是否存在。霉味可能在果实收获前、发酵或干燥阶段产生。果实收获前，受黑果病感染的可可果，可可豆会产生内在霉味；发酵时间过长，超过7天，霉菌数量急剧增加，导致可可豆产生霉味；干燥时遇上阴天，日晒天数延长，霉菌也会入侵可可豆；储存环境的相对湿度过高，可可豆吸入水分就会发霉。

(2) **烟熏味**

可可豆在干燥或储藏阶段受到烟熏会产生烟熏味，过度发酵也会产生烟熏味。可将样品豆在手中碾碎或用木槌和研钵捣碎后，用鼻子闻出。烟熏味不能在制作巧克力过程中去除，烟熏味有时候被认为是“火腿味”。

(3) **酸味**

酸味是可可豆不良发酵所产生的。可可豆含有过量的挥发性酸（乙酸）或非挥发性酸（乳酸）就会产生酸味。挥发性酸（乙酸）可以通过嗅觉闻出来，但非挥发性酸（乳酸）引起的酸味只能将可可豆制成巧克力才能品尝出来。加工过程中，挥发性酸（乙酸）会下降到较低水平，但非挥发性酸（乳酸）却不能去除，过量的非挥发性酸（乳酸）会导致巧克力失味。

(4) 苦涩味

苦涩味由可可豆不良的发酵引起。虽然苦味和涩味也是构成巧克力风味的一部分，重的苦味和涩味导致巧克力口感变差。未发酵的湿豆，不具有明显的巧克力风味，苦涩味重；全紫色可可豆或是发酵完全的可可豆都含有一些巧克力风味，但也会有苦涩味。全紫色可可豆是由于发酵过程不良，可可豆中花青素未能完全转化成无色的藻蓝素，可可豆颜色呈紫色，残存的花青素导致苦涩味。然而全紫色可可豆长时间储藏后，大部分花青素会降解，苦涩味降低。

2. 卫生标准

出售的商品可可豆洁净非常重要，应不含有任何杂质。在可可果成熟的不同阶段和储藏阶段使用化学杀虫剂会残留在可可豆中，在发酵、干燥以及储藏过程中，会有一定数量的细菌入侵。虽然细菌对可可豆发酵非常重要，但是各种各样细菌大量繁殖将使可可豆受到如沙门氏菌等病原菌的感染。正常的加工程序将杀掉大部分的细菌。

五、可可副产物利用

1. 可可果肉

可可果肉由海绵薄壁组织构成，含有蛋白质、糖、维生素、氨基酸、微量元素等，营养丰富，可用于制作果汁、酿酒和制醋。取出可可湿豆后，因果肉间摩擦和可可湿豆本身的重力作用，可可果汁便会流出，汁液浓度较大，并呈现白色流体状态，每吨可可湿豆可以收集100 ~ 150升可可果汁。

可可果汁可以用于加工软饮料。以可可果汁、糖和水为原料生产的饮料，是一种天然、易存放和饮用方便的果汁饮料。也可以可可果汁为主要原料生产果酱和酸果酱。可可果汁含10% ~ 18%可发酵糖，可用于发酵生产酒精，产物可以与白兰地和金酒或杜松子酒混合生产品质较佳的酒类产品。

2. 可可果壳

可可果壳占整个果实的70% ~ 75%，果壳一般在取出可可湿豆之后便丢弃。可可果壳含有粗蛋白、脂肪、纤维、葡萄糖、蔗糖、可可碱等。可可果壳中蛋白质和纤维类似于干草，晒干后磨成粉可作牲畜饲料。可可果壳含有的氮和钾，可以与动物性肥料相媲美，堆肥后可作为可可园的肥料，并可抑制土壤线虫的虫口数量。可可果壳还可抽提果胶类似物，作为生产果酱、果冻等食品的原料。

3. 可可种皮

可可种皮约占果实的4%，可提取可可碱作为利尿剂与兴奋剂用于医药，可提取色素用于制造漆染料，可提取可溶性单宁物质作为胶体溶液的絮凝剂，可用作热固性树脂的填充剂，也可作为饲料。

第三节　可可饮品简易做法

一、可可豆处理

可可豆发酵过程中产生的酸性物质，使可可豆口感偏酸。食用前，可可豆需要进行碱化处理，将可可豆在80 ~ 85℃的苏打或小苏打溶液中浸泡1小时，再洗净晾干。

二、烘炒

烘炒不仅使可可种皮松脱，易于剥离，更重要的是可可豆经烘炒后形成特有的巧克力风味。可可豆烘炒采用文火110～135℃，在锅中翻炒半小时，烘炒完成后快速冷却，可可豆散发出浓郁的可可风味。烘炒过程中发生的美拉德反应，将发酵时产生的风味前体转化为人们所熟悉的巧克力风味物质。

烘　炒

三、去皮与研磨

烘炒之后，可可豆薄薄的种皮变得很脆，用手揉搓就会从可可豆上脱落，可以用手拣出可可果仁或用风扇吹走种皮。用研磨机将可可果仁反复研磨，可可果仁颗粒磨细之后会粘连在一起形成浓稠物质，浓稠物质称为可可液质，冷却后凝结成块即为可可液块。

去 皮

研 磨

四、饮品冲调

碾碎的可可果仁可以直接用开水冲泡，冲泡时加入糖、牛奶等，制成可可饮品。这种可可饮品含有丰富的脂肪、蛋白质、多酚等，营养丰富，老少咸宜，有助于延缓衰老、预防老年痴呆，还可以增强记忆力、促进智力发育。

冲 泡

本章要点回顾

1. 成熟可可果实呈现什么颜色？如何采收可可果？
2. 可可湿豆发酵步骤有哪些？发酵过程需要多长时间？
3. 可可豆发酵后，干燥方法有哪些？
4. 可可副产物有哪些？
5. 可可饮品简易做法有哪些步骤？

参考文献

陈伟豪，1981. 可可引种试种研究[J]. 热带作物研究，6: 36-48.

房一明，谷风林，初众，等，2012. 发酵方式对海南可可豆特性和风味的影响分析[J]. 热带农业科学，32(2): 71-75.

房一明，李恒，胡荣锁，等，2016. 不同酵母发酵的可可果酒香气成分分析[J]. 热带农业科学，36(10): 1-8.

谷风林，房一明，徐飞，等，2013. 发酵方式与萃取条件对海南可可豆多酚含量的影响[J]. 中国食品学报，13 (8): 268-273.

谷风林，易桥宾，那治国，等，2015. 基于感官与主成分分析的可可豆加工品质变化研究[J]. 热带作物学报，36(10): 1879-1888.

赖剑雄，王华，赵溪竹，等，2014. 可可栽培与加工技术[M]. 北京：中国农业出版社.

李付鹏，王华，伍宝朵，等，2014. 可可果实主要农艺性状相关性及产量因素的通径分析[J]. 热带作物学报，35(3): 448-455.

李付鹏，秦晓威，朱自慧，等，2015. 不同处理对可可种子萌发以及幼苗生长的影响[J]. 热带农业科学，35(5): 5-8.

李付鹏，秦晓威，郝朝运，等，2016. 可可核心种质遗传多样性及果实性状与SSR标记关联分析[J]. 热带作物学报，37(2): 226-233.

李付鹏，谭乐和，秦晓威，等，2017. 成龄可可嫁接换种技术[J]. 中国热带农业，77:72-74.

李付鹏，谭乐和，秦晓威，等，2018. 可可嫁接成活率研究[J]. 种子，38(2): 94-97.

秦晓威，郝朝运，吴刚，等，2014. 可可种质资源多样性与创新利用研究进展[J]. 热带作物学报，35(1): 188-194.

秦晓威，吴刚，李付鹏，等，2016. 可可种质资源果实色泽多样性分析[J]. 热带作物学报，37(2): 254-261.

宋应辉，吴小炜，1997. 海南可可的发展前景及对策[J]. 热带作物科技，2: 22-25.

宋应辉,林丽云,1998. 椰园间作可可试验初报[J]. 热带作物科技, 3: 36-39.

吴桂苹,魏来,房一明,等,2010. 可可膳食纤维的制备工艺及物理特性研究[J]. 热带农业科学,30(12): 30-33.

易桥宾,谷风林,房一明,等,2015. 发酵与焙烤对可可豆香气影响的GC-MS分析[J]. 热带作物学报,36(10): 1889-1902.

易桥宾,谷风林,那治国,等,2015. 发酵和焙烤对可可豆多酚、黄酮和风味品质的影响[J]. 食品科学,36(15): 62-69.

张华昌,谭乐和,1996. 鲜可可果汁饮料的研制和效益评估[J]. 热带作物研究,1: 19-21.

张华昌,谭乐和,1997. 鲜可可果汁饮料开发与利用研究初报[J]. 热带作物研究,3: 22-25.

赵青云,王华,王辉,等,2013. 施用生物有机肥对可可苗期生长及土壤酶活性的影响[J]. 热带作物学报,34(6): 1024-1028.

赵溪竹,刘立云,王华,等,2015. 椰子可可间作下种植密度对作物产量及经济效益的影响[J]. 热带作物学报,36(6): 1043-1047.

赵溪竹,李付鹏,秦晓威,等,2017. 椰子间作可可下可可光合日变化与环境因子的关系[J]. 热带农业科学,37(2): 1-4.

中国热带农业科学院和华南热带农业大学,1998. 中国热带作物栽培学[M]. 北京:中国农业出版社.

朱自慧,2003. 世界可可业概况与发展海南可可业的建议[J]. 热带农业科学,23(3): 28-33.

邹冬梅,2003. 海南省可可生产的现状、问题与建议[J]. 广西热带农业,1: 38-42.

Abate T, Van-Huis A, Ampofo JKO, 2000. Pest management strategies in traditional agriculture: An African perspective[J]. Annu Rev Entomol, 45: 631-659.

Dias LAS, 2004. Genetic improvement of cacao[DB/OL]. http://ecoport. org.

Ellam S, Williamson G, 2013. Cocoa and human health[J]. Annu Rev Nutr, 33(1): 105-128.

Fraga CG, Croft KD, Kennedy DO, et al, 2019. The effects of polyphenols and other bioactives on human health[J]. Food Funct, 10(2): 514-528.

Grassi D, Desideri G, Necozione S, et al, 2008. Blood pressure is reduced and insulin sensitivity increased in glucose-intolerant, hypertensive subjects after 15 days of consuming high-polyphenol dark chocolate[J]. J Nutr, 138(9): 1671-1676.

Hernández-Hernández C, Viera-Alcaide I, Morales-Sillero AM, et al, 2018. Bioactive compounds in Mexican genotypes of cocoa cotyledon and husk[J]. Food Chem, 240(1): 831-839.

Khenga TY, Balasundramb SK, Ding P, et al, 2019. Determination of optimum harvest maturity and non-destructive evaluation of pod development and maturity in cacao (*Theobroma cacao* L.) using a multiparametric fluorescence sensor[J]. J Sci Food Agric, 99(4): 1700-1708.

Latif R, 2013. Chocolate/cocoa and human health: A review[J]. Neth J Med, 71(2): 63-68.

Lepiniec L, Debeaujon I, Routaboul JM, et al, 2006. Genetics and biochemistry of seed flavonoids[J]. Annu Rev Plant Biol, 57: 405-430.

Li FP, Wu BD, Qin XW, et al, 2014. Molecular cloning and expression analysis of the sucrose transporter gene family from *Theobroma cacao* L[J]. Gene, 546(2): 336-341.

Oracz J, Zyzelewicz D, Nebesny E, 2015. The content of polyphenolic compounds in cocoa beans (*Theobroma cacao* L.), depending on variety, growing region, and processing operations: A review[J]. Crit Rev Food Sci, 55(9): 1176-1192.

Tomas-Barberan FA, Cienfuegos-Jovellanos E, Marin A, et al, 2007. A new process to develop a cocoa powder with higher flavonoid monomer content and enhanced bioavailability in healthy humans[J]. J Agric Food Chem, 55(10): 3926-3935.

Wickramasuriya AM, Dunwell JM, 2018. Cacao biotechnology: current status and future prospects[J]. Plant Biotechnol J, 16(1): 4-17.

可可种苗圃

可可种植园

槟榔间作可可

破可可果

可可盲蝽危害

小蠹虫危害

可可蛀荚螟危害

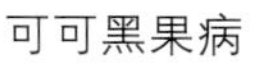

可可黑果病